考える微分積分

阿原一志

数学書房

まえがき

　この教科書は大学の初年度の微分積分学の授業で使う授業ノートを纏めたものである．一般教養の数学は「考えることを楽しむ科目」であるはずだとの信念から，最低限の知識を用いて最大限の練習問題を引き出せるように工夫した．そのため，練習問題は基礎的な問題からかなり応用的なものまで並ぶこととなった．

　「ゆとり教育」世代になってから，高校までの知識をあまり仮定できなくなった．このことから，微分や積分についても非常に基本的な内容を念のため含めている．また，大学の数学固有の記号や言葉についても，高等学校での数学との違いをていねいに説明することにした．授業の範囲としては，初学年で 1 変数の微分と積分にとどまるのが普通であるが，多くの学生はそのまま 2 変数の微分と積分を学習しないままに卒業すると思われるので，2 変数の微分と積分の基本的な部分も含み，大学を卒業した後にも参考書として引き続き使えるようにこれらも含むことにした．

　この本のスタンスはよくある微分積分学の教科書とはやや違う．**やさしい証明は自分で考えなさい**というのがこの本の目指すところである．解答がなければ勉強できません，と学生に言われる今日この頃であるが，頭を絞って解答を考えることに意味があるのである．散々考えて分からないことは罪ではなく，財産になると思わなければならない．

　微分積分の教科書で収束，極限をどのように取り扱うかは絶えず問題になる．高校の教科書では収束・極限は厳密な定義なしで性質を学習することになっている．厳密な定義は専門家だけのためのものであるという意見は依然根強く，有名大学の 1 年の微分積分の講義で極限の定義を行わないシラバスも散見される．

　この教科書では，極限に関して，純然たる専門的な定義（いわゆる「イプシロン・デルタ」「イプシロン・エヌ」）を再解釈し，正確ではあるが感覚的にも理解しやすいように工夫した定義を採用した．そのうえで，それを読むもよし飛ばすもよし，どちらでもよいように教科書を構成した．たとえば，授業では取り扱わなくとも，証明のやさしい部分は章末の演習問題で考えてみるということも可能である．極限の定義に関しては，「数学はただの道具」と考える人は飛ばせばよく，「数学は考えるトレーニング」と考える人は取り組めばよい．

単位を取ることに汲々としていると微分積分は計算公式のオンパレードで最悪に退屈である．しかし，わずかの定義とルールから問題を考えることは楽しい．楽しい部分を読者が汲んでくれることを切望してやまない．
　2012 年元旦．

著　者

目 次

第 1 章　関数の極限・収束 　　1
　1.1　関数の極限の定義とは 　　1
　1.2　閾値による極限の定義 　　2
　1.3　極限の例 　　7
　1.4　極限の基本公式 　　11
　1.5　発散の定義 　　15

第 2 章　微分の定義と基本公式 　　21
　2.1　微分の定義 　　21
　2.2　導関数の基本公式 　　24

第 3 章　初等関数 　　30
　3.1　逆関数 　　30
　3.2　無理関数 　　31
　3.3　指数関数・対数関数 　　32
　3.4　双曲線関数 　　35
　3.5　逆三角関数 　　36

第 4 章　微分の応用 　　43
　4.1　ロピタルの定理 　　43
　4.2　関数のグラフ 　　48
　4.3　パラメータ曲線の微分 　　55
　4.4　極座標曲線の微分 　　57

第 5 章　積分の基本 　　62
　5.1　基本積分公式 　　62
　5.2　置換積分，部分積分 　　65
　5.3　難しい不定積分の公式 　　69
　5.4　部分分数展開 　　71
　5.5　分数関数の積分 　　75
　5.6　定積分 　　77

第 6 章　積分の応用，広義積分　　83
- 6.1　区分求積和，リーマン和 83
- 6.2　面積 88
- 6.3　回転体の体積 92
- 6.4　曲線の長さ 95
- 6.5　極座標表示された曲線の長さと囲む面積 98
- 6.6　広義積分 100

第 7 章　数列の極限・級数の収束　　109
- 7.1　数列の収束 109
- 7.2　正項級数の収束・発散 115
- 7.3　絶対収束 119
- 7.4　べき級数 121

第 8 章　テイラー展開　　130
- 8.1　高階導関数 130
- 8.2　1 次近似 133
- 8.3　2 次近似 135
- 8.4　テイラーの定理 136
- 8.5　テイラー展開 139
- 8.6　項別微分，項別積分 145

第 9 章　多変数関数の極限，偏微分　　152
- 9.1　多変数関数の極限 152
- 9.2　偏微分 156
- 9.3　多変数関数の 1 次近似と接平面 159
- 9.4　全微分 162
- 9.5　方向微分，合成関数の微分 164
- 9.6　多変数のテイラーの定理 168
- 9.7　ヘシアン，ラグランジュの未定乗数法 175

第 10 章　重積分　　188
- 10.1　グラフで囲まれた平面領域 188
- 10.2　累次積分 190
- 10.3　重積分，リーマン和 192

第 11 章　変数変換公式　　203
　11.1　合成関数の微分 203
　11.2　極座標の変数変換 207
　11.3　重積分の変数変換 208
　11.4　正規分布の確率密度関数 210

数学者年表　　217

参考図書　　218

索　引　　219

第1章

関数の極限・収束

1.1 関数の極限の定義とは

関数の収束について，高校の教科書では厳密な定義を行っていない．たとえば代表的な教科書での記述は次のようになっている．

定義 1.1 (高校数学の極限 (limit) の定義) 関数 $f(x)$ と実数 a について，x を a に限りなく近づけたときに $f(x)$ が実数 A に近づくならば，$f(x)$ は $x \to a$ で A に収束する (converge) といい，$\lim_{x \to a} f(x) = A$ と書く．

また，代表的な大学の微分積分の教科書には次のように書かれている．

定義 1.2 (大学数学の極限の定義) $\lim_{x \to a} f(x) = A$ であるとは，任意の $\varepsilon > 0$ に対して，ある $\delta > 0$ が存在して，$0 < |x - a| < \delta$ ならば $|f(x) - A| < \varepsilon$ であることである．

19 世紀の初頭に数学者コーシーは極限を次のように定義した．

定義 1.3 (19 世紀の極限の定義) 1 つの変数に与えられる値が 1 つの定まった値へ差がいくらでも小さくなるように，限りなく近づくとき，この定まった値をこれらの値の極という．(『微分積分学要論』(1823) より)

高校における極限の定義やコーシーによる極限の定義は，言葉による説明であって，この説明だけで具体的な計算を行えるわけではない．極限の基本公式(命題 1.17, 命題 1.18, 定理 1.19, 定理 1.20) を証明なしに学習し，これら公式を応用して具体的な計算を行うのである．一方で，大学における定義は学問としての数学という見地に立って書かれたものであり，この定義だけで確かに基本公式の証明も具体的な計算もすべてできる．

どちらの立場で学習するのがよいか．これは学習者の目的によって異なる．高校方式で，基本公式を証明なしに正しいと認めて先を急いだとしても，複素関数論やフーリエ解析を含む，大学の一般教養ででてくるような極限の計算はほぼすべてこなすことができる．(実際，18 世紀以前には厳密な極限の定義自体がなく，微積分学は十分に発展してきた．イプシロン・デルタ論法を最初に提案したのはワイエルシュトラスである．) だとすれば，厳密な極限の定義は学習上不要ではないか，と考える読者がいても不思議ではない．そればかりではない．厳密な意味での収束の概念は，あくまで数学の専門家のためだけのものであって，「数学のユーザー」である理系の研究者には，その深い部分の理解は不必要だと断言する専門家すらいる．事実，著名な大学の微分積分学のシラバスから，この「厳密な極限の定義＝イプシロン・デルタ」がなくなっているのが現状である．

これらの状況を踏まえて，ここでこの教科書の立場をはっきりさせたい．この教科書を手にして(数学に限らず)学問の道へ進む人が一人もいない，ということは考えられない．したがってたとえ授業で取り扱わなくとも，「学問のあるべき姿」を読者の目の届くところにおいておくのが正しいスタンスであろう．一方で，読者が難しい議論で不必要に悩むことは筆者の本意ではないので，なんらかの妥協は必要であることもいうまでもない[1]．その結論として「厳密な定義は紹介するが，主要な公式が成り立つ理由については厳密な定義に立脚せず，直感的理解に基づいた解説を行う」こととする．そのために，旧来のイプシロン・デルタよりはやや噛み砕いた形で理解することを目標とする．もっとも，前述の理由により，収束の公式の解説に関わるところを飛ばして読んでも，その後にはまったく差し支えない．1.3 節の実例の計算理念を確認して，1.4 節へ進んでもらえればよい．

1.2 閾値による極限の定義

閾値(しきいち)という考え方を導入し，少しでも具体的に考えやすいようにする．閾値を表す記号としてイプシロン $(= \varepsilon)$ やデルタ $(= \delta)$ やエヌ $(= N)$ を用いるが，これは微小な数や大きな数を表す単なる記号であると安心して読み進めてもらいたい．

---

[1] 不必要なことに散々時間をかけて考えることが学問の訓練であるという意見もある．不必要なことは極力行わないのが最近の流行のようだが，そんなことをして学問が退化するかもしれないという感覚はないのだろうか．

定義 1.4 (近い) (1) 正の閾値 (threshold) ε に対して 2 つの数 a, b が閾値 ε で近いということを

$$|a - b| < \varepsilon$$

で定義する[2].

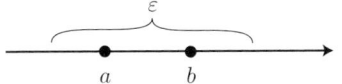

(2) 正の閾値 N に対して，a と $+\infty$ とが閾値 N で近いということを

$$N < a$$

で定義する．

(3) 正の閾値 N に対して，a と $-\infty$ とが閾値 N で近いということを

$$a < -N$$

で定義する．

閾値というのは「2 つの差がこの値以内であれば誤差の範囲であるとみなす」「この値を超えたらオーバーフロー (計算範囲を超える) とみなす」という判断をするときの値のことである．コンピュータなどを用いた数値計算においては計算値が厳密値であることを前提としないので，「理論的に等しい」ことはさほど重要ではない．その意味で，閾値という考え方は自然であり必要である．ちなみに，筆者は特に根拠なく小さいほうは $\varepsilon \sim 10^{-7}$ で，大きいほうは $N \sim 10^7$ で考えている[3].

まず，閾値に関する演算公式を紹介しよう．なお，以下の説明において「小さい」「大きい」という言葉を定義なく用いるが，これは読者が自分の好きな値を想定してよいことはいうまでもない．

命題 1.5 (閾値の三段論法)

a, b が近くて，b, c が近いならば，a, c は近い．(ただし，b は $\pm\infty$ でないものとする．)

---

[2] 「a, b は ε で近い」という用語も用いる．
[3] 初期のパソコンでプログラミングをしていた人はだいたいこういう感覚である．

証明. $|a-b|<\varepsilon_1$ かつ $|b-c|<\varepsilon_2$ とすると,絶対値の不等式により
$$|a-c| \leq |a-b|+|b-c| < \varepsilon_1+\varepsilon_2$$
である.(無限大に関わる場合も同様に証明できるが省略する.) □

この証明には明示していないが,ε_1 と ε_2 が小さいならば和 $\varepsilon_1+\varepsilon_2$ も小さいという感覚もここには含まれている.命題を提示するときに閾値を具体的に記述していないが,それは閾値自身の評価を厳密に行う作業にあえて触れず,適切な閾値のもとに近いことが数学的に保証できることを理解してほしいためである.

命題 1.6(閾値の和・積と定数倍)

(1) a,b が近く,c,d が近いならば,$a+c, b+d$ は近い.
(2) a,b が近いならば,定数 $c\neq 0$ に対して ca, cb は近い.
(3) a,b が近く,c,d が近いならば,ac, bd は近い.

証明. (1) $|a-b|<\varepsilon_1$ かつ $|c-d|<\varepsilon_2$ ならば,
$$|(a+c)-(b+d)| \leq |a-b|+|c-d| < \varepsilon_1+\varepsilon_2$$
である.

(2) $|a-b|<\varepsilon$ ならば,
$$|ca-cb| \leq |c||a-b| < |c|\varepsilon$$
である.

(3) $|a-b|<\varepsilon_1$ かつ $|c-d|<\varepsilon_2$ ならば,
$$|ac-bd| = |a(c-d)-(a-b)d| \leq |a(c-d)|+|(a-b)d|$$
$$= |a|\cdot|c-d|+|a-b|\cdot|d|$$
$$< \varepsilon_2|a|+\varepsilon_1|d|$$
である. □

これらの公式の意味は「値が近いもの同士を加えても積をとっても近い」「値が近いものに定数倍をしても近い」ということである.そのような理解で十分である.

例 1.7 特に ε を定めずに説明するが，2 と 2.00002 とは近い．3 と 3.0001 とは近い．このとき，

$$2 + 3 = 5, \quad 2.00002 + 3.0001 = 5.00012$$
$$2 \times 2 = 4, \quad 2 \times 2.00002 = 4.00004$$
$$2 \times 3 = 6, \quad 2.00002 \times 3.0001 = 6.000260002$$

とそれぞれ近いことが分かるだろう．

> **つぶやき**
>
> 厳密な議論がどうしても煩雑になる理由を述べておこう．たとえば定数倍の例で $c = 10000$ で考えるとするならば，$10000 \times 2 = 20000$, $10000 \times 2.00002 = 20000.2$ である．誤差は 0.2 であり，必ずしも近いとはいえないかもしれない．もし厳密に議論を進めようとすると，そのような可能性をすべて考慮して ε をあらかじめ自由に小さめに想定すれば大丈夫だとかそういう議論が必要である．しかし，この教科書の目的としてはそういう煩雑な厳密さはあえて無視し，より本質的な議論が見えるようにしたいのである．

これらの定義を踏まえて閾値の観点から関数の極限を定義してみよう．まず閾値 $\varepsilon > 0$ を固定して考えて，閾値つきの収束を定義する．

定義 1.8 (閾値つきの関数の収束) $\varepsilon > 0$ を固定する．定数 a, A に対して，関数 $f(x)$ が $x \to a$ で A に閾値 ε で収束するとは，

<u>$x(\neq a)$ と a とが近いならば $f(x)$ と A が ε で近いこと</u>

とする．

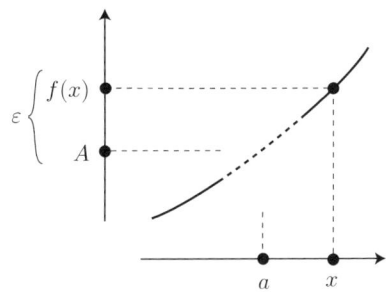

注意 1.9
$$0 < |x - a| < \delta \iff x(\neq a) \text{ と } a \text{ が近い}$$
$$|f(x) - A| < \epsilon \iff f(x) \text{ と } A \text{ が近い}$$
と読み直せば大学数学の極限の定義の
$$0 < |x - a| < \delta \text{ ならば } |f(x) - A| < \varepsilon$$
という部分に該当する．この定義の意味が分かることが極限における大切なところである．

まず，x と a とはただ近いといい，$f(x)$ と A とが近いというときには閾値 ε で近い，というところがやや不思議かもしれない．また通称「イプシロン・デルタ」のうちのデルタが見えなくなっているが，そのことについてはおいおい説明していく．

一方で，「閾値は小さいもの」という認識に立っていればそれ以上の細かいことはあまり考えなくてもよい，というのも正しい態度といえる．「x と a とが近いならば $f(x)$ と A が近い」という認識が「極限」という概念を支えているといってもよい．そう思ってコーシーの書いた 19 世紀の定義を見てみるとそれなりに味のある書き方だということが分かるだろう．

この準備のもとに，正式な関数の収束を定義しよう．

定義 1.10 (関数の収束) 関数 $f(x)$ と定数 a, A について，$\lim_{x \to a} f(x) = A$ であるとは，任意の閾値 ε について $f(x)$ が A に閾値つきで収束することであるとする．

注意 1.11 まず定義の形態について大切なことを述べておこう．「関数の極限とはこれこれの式で与えられるものである」という定義ではないということだ．たとえば三角関数であれば「$\sin x$ とはこれこれの図のこれこれの長さを使ってこれこれと表されるものである」という流れで定義されている．しかし極限はそれとは違う．「定数 A がこれこれの条件を満たしているとき，それを関数の極限という」というタイプの定義である．したがって，その条件を満たす定数 A は存在しないかもしれないし，2 つ以上存在するかもしれないのである．関数の極限が存在しない，ということがあり得る (発散，振動など) のはこのためである．

高校の教科書では，x の整式 (多項式) で表される関数や，分数関数，無理関数，三角関数，指数関数，対数関数などについては，定数 a が $f(x)$ の定義域内の値

であれば，ただ代入すればよい．すなわち

$$\lim_{x \to a} f(x) = f(a)$$

である，と書かれている．このことは正しいが，大学数学においては証明が必要な事柄である．この教科書ではそのすべての証明に深くは立ち入らないが，「明らかに成り立つ」のではなく「証明が必要な公式」なのであることは知っておいてもよいと思う．

注意 1.12 「任意の閾値 $\varepsilon > 0$ について」という条件の意味は分かりにくいかもしれないが，心情的には「誰が小さな閾値を選んでも大丈夫」というとらえ方が大切である．さらに，ここでは x と a に関する閾値 δ についての直接の言及がないことも重要である．すなわち，2つ目の閾値 δ は ε に依存してきまるようなものであって，任意に選べるのは ε だけだということである．ε がどんな値になっても，x と a が十分に近ければうまくいく，と主張しているのである．数学の先生はこのことを「任意の ε に対して，ある δ が存在して $\cdots$」と格式ばっていうのである．

つぶやき

うまい喩え話をしよう．これはつまり，将棋や囲碁で「相手の手番だが自分の勝ちが決まっている」と思えばいいのだそうである．つまり，対戦相手が ε という手を繰り出してくる．どんな手で来るかは分からないが，どんな手で来られても δ という必勝手順があれば「こちらの勝ち」である．収束するということはこの意味で「相手の手番なのだが，こちらの勝ち」という状況を意味しているのである．

1.3 極限の例

例 1.13 (多項式の極限) $\lim_{x \to 5} x^2 = 25$ である．

高校の教科書に従えば，これは「公式によりただ代入すればよい」場合である．閾値を使った考え方ではこのことはどのように理解されるべきだろうか．$a = 5$ であるので，閾値 δ が 0.001 であるとすると，$|a - x| < \delta$ ということから，$4.999 < x < 5.001$（ただし $x \neq 5$）の範囲を考えることになる．電卓を使って計算してみ

よう．このとき，$24.990001 < f(x) = x^2 < 25.010001$ である．たしかに $f(x)$ は $A = 25$ に近いといえるが，これは閾値 $\varepsilon = 0.011$ ぐらいを考えた場合の話である．

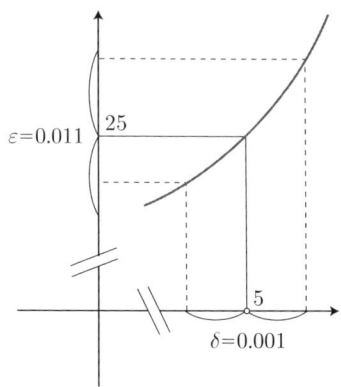

上の計算は，$\varepsilon = 0.011$ の場合には $\delta = 0.001$ と設定すれば，閾値つきで x^2 は 25 に収束していることを意味している．

完全な意味で $\lim_{x \to 5} x^2 = 25$ であることを本気で証明しようと思ったら，任意に与えられた ε に対して，閾値 δ が従属的に選べることを示さなければならない．たとえばもっと小さい閾値 $\varepsilon = 0.001$ を指定されたならば，δ としてどのくらい小さな範囲を見つけなければいけないか，これを計算により求めなければいけない．δ から ε を計算するのは $f(x)$ の値を計算すればよいだけなので容易だが，逆に ε から δ を見繕うのは見るからに大変な作業だろう．(実際，関数がもっとも複雑になれば本当に大変である．) そこで解決策として，本当に計算で δ を見つけるのではなく，証明により δ が従属的に選びうることを保障しようというのが近代数学的な考え方である．

実際問題として，大学数学において δ を具体的に求めることは本質的ではない．いちいち $f(x)$ の式の形を睨みながら δ の値を見つける作業などはまず行わないのである．定理を組み合わせて考えれば δ を取れることがわかるから大丈夫という証明をするのである．

だからこそ，具体的に閾値 ε や δ の値をいじらなくてよいのならば，そこのところは知らないままでもよいではないか，ということになるわけだし，そのことはけだし真実なのである．

例 **1.14** (場合分けのある関数の極限) 場合分けによって関数が与えられている場合には「ただ代入すればよい」わけではない.

$$f(x) = \begin{cases} \dfrac{x+3}{2} & (x \neq 1) \\ 1 & (x = 1) \end{cases} \quad \text{のとき,} \lim_{x \to 1} f(x) = 2$$

である.

このように値が場合分けで与えられて,しかも値が飛んでいるような場合にはただ代入しては正しく求まらない.このような場合に $\lim_{x \to 1} f(x)$ を考えるときには $f(1)$ を考えるのではなく, $x \neq 1$ の場合の $f(x)$ を考えて,その式に $x = 1$ を代入するのが定義に従った考え方である.このメソッドに従うならば, $\lim_{x \to 1} f(x) = \lim_{x \to 1} \dfrac{x+3}{2} = 2$ となる.

ではなぜこの考え方で求まるのかを説明しよう.極限を考えるときには「x は a 以外の a に近い数とせよ」といわれている.それが「$x\,(\neq a)$ と a が近い」の意味である.今 $a = 1$ であるから,たとえば $\delta = 0.001$ とおけば,x としては $0.999 < x < 1.001$ を想定しているわけである(ただし $x \neq 1$).このときは $1.9995 < f(x) < 2.0005$ であり,この値は想定解である $A = 2$ に近いが,$f(1) = 1$ には近くない.

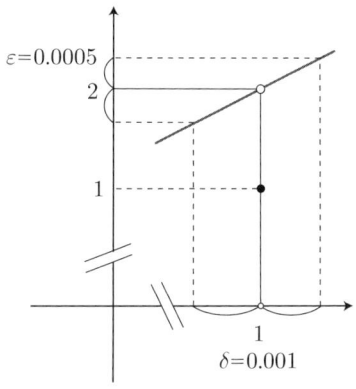

このことから「x と a は近い(ただし $x \neq a$)」と考える正当性がわかるだろう.

例 **1.15**
$$\lim_{x \to 2} \frac{x^2 - 4}{x - 2} = 4$$

これは高校の教科書にもみられる例であるが，関数 $\dfrac{x^2-4}{x-2}$ は $x=2$ で定義されない[4].（分母が 0 になるため．）しかし,「$x \neq 2$ において」$\dfrac{x^2-4}{x-2} = x+2$ なので，これに $x=2$ を代入して答え 4 を得る．このように,「$x \neq 2$ で考えたうえで $x=2$ を代入する」というおかしな作業を許すのは,「$x\,(\neq a)$ と a が近い」ことにより論理が成立しているからなのである．したがって，高校で関数の極限を求める問題というのは,「そのまま代入できない状況をいかに回避して，代入できる形に変形するか」という工夫をしているのである．

例 1.16 $\lim\limits_{x \to 0} \sin\left(\dfrac{1}{x}\right)$ は存在しない

このことを定義から正確に証明することは，日常生活の役にまったくたたないが，論理思考世界に遊ぶための練習問題としてとてもよい．図をみて直感的に「極限はなさそうだな」と感じることも大事だが，証明の意味がわかることも同じくらい大事である．

証明のあらましを述べておこう．グラフから見ても分かるとおり，x が 0 に近いときに，グラフは -1 と 1 の間を激しく振動している．このことから分かることはどんな δ をとってみたところで，$-\delta < x < \delta$ に対応する $f(x)$ の値の範囲は結局のところ $-1 \leq f(x) \leq 1$ より狭めることができない，つまりこのことは閾値 ε を 1 以下にできないことを意味する．もし極限が存在するならば，任意の閾値 ε について閾値つき収束がいえていなければいけないので，極限は存在しないことになるのである．

---

[4]「定義されない」という言い方が分かりにくければ,「$x=2$ では分母が 0 になり都合が悪いので除外して考える」と思えばよい．

1.4　極限の基本公式

収束と四則演算との関係についてまとめておく．

命題 1.17 (収束と演算)

$\lim_{x \to a} f(x), \lim_{x \to a} g(x)$ が存在するとき，以下が成り立つ．
(1) $\lim_{x \to a} (f(x) \pm g(x)) = \lim_{x \to a} f(x) \pm \lim_{x \to a} g(x)$
(2) $\lim_{x \to a} (cf(x)) = c \cdot \lim_{x \to a} f(x)$
(3) $\lim_{x \to a} (f(x)g(x)) = \lim_{x \to a} f(x) \cdot \lim_{x \to a} g(x)$
(4) $\lim_{x \to a} \dfrac{f(x)}{g(x)} = \dfrac{\lim_{x \to a} f(x)}{\lim_{x \to a} g(x)}$ 　　（ただし $\lim_{x \to a} g(x) \neq 0$）

証明． (1) のみを示す．任意の閾値 ε に対して，$x\,(\neq a)$ と a とが十分近いならば，$f(x) + g(x)$ と $A + B$ が近いことを示したい．

今，$A = \lim_{x \to a} f(x), B = \lim_{x \to a} g(x)$ が存在することから，閾値 $\dfrac{\varepsilon}{2}$ について，x と a とが十分近いならば，$f(x)$ と A は近く，かつ $g(x)$ と B は近い．このとき，命題 1.4 により $f(x) + g(x)$ と $A + B$ は閾値 ε で近い．収束の定義により $f(x) + g(x)$ は $A + B$ に収束する．このほかの証明は演習問題にゆだねる． □

前に触れたように，場合分けのない式で表される関数の極限については，代入できるものは代入すればよい．そのことを関数の連続性という．

命題 1.18 (連続性 (continuousness))

x の整式 (多項式) で表される関数や，分数関数，無理関数，三角関数，指数関数，対数関数などについては，定数 a が $f(x)$ の定義域内の値であれば，

$$\lim_{x \to a} f(x) = f(a)$$

である．このことを関数の連続性という．

証明. あまりに当たり前のようにも思えるので，証明は飛ばしてもよいが，一応，整式・分数関数の場合についての証明を紹介しよう．$f(x)$ を x の多項式または分数式とする．$g(x) = x, h(x) = 1$ とすると，$f(x)$ は $g(x), h(x)$ から定数倍・和・積・商などを組み合わせて得ることができる．たとえば $f(x) = x^2 - 2x - 2$ とすると，$f(x) = g(x) \cdot g(x) - 2 \cdot g(x) - 2 \cdot h(x)$ である．このことから $g(x)$ と $h(x)$ の連続性を説明できれば，任意の多項式または分数式の連続性も説明できることになる．

$g(x) = x$ については，$|g(x) - g(a)| = |x - a|$ であることから，a と x とが近いことと $g(x)$ と $g(a)$ と近いことは同値である．このことより $g(x) = x$ は連続である．$h(x) = 1$ については，$|h(x) - h(a)| = |1 - 1| = 0$ であるから，$h(x)$ と $h(a)$ はいつでも近いので $h(x) = 1$ は連続である．以上により多項式，分数式については連続性が説明された．

そのほかの関数（無理関数，三角関数，指数関数，対数関数）が連続であることの説明は容易ではないので，この教科書では省略することにする． □

定理 1.19（単調性）

もし $f(x) < g(x)$ であるならば，$\displaystyle\lim_{x \to a} f(x) \leq \lim_{x \to a} g(x)$ である．

証明. この定理の命題は簡略化した形で書き表した．正確に述べるならば，「定義域に含まれる任意の x について $f(x) < g(x)$」であるとか「$\displaystyle\lim_{x \to a} f(x)$ や $\displaystyle\lim_{x \to a} g(x)$ が存在するとして」とか「定義域に含まれる a に対して … である．」などと断るのが筋であるが，ここでは分かりやすさを優先させた．

さて証明である．これは背理法を用いるので特に難しい．特に興味のある人のみが読んでほしい．$A = \displaystyle\lim_{x \to a} f(x), B = \lim_{x \to a} g(x)$ が存在するとして，結論の否定命題を仮定する．つまり，$f(x) < g(x)$ かつ $A > B$ を仮定するのである．$\varepsilon = \dfrac{A - B}{2}$ とすれば，これは正の値であるので，これを閾値として考える．十分に x が a に近ければ，$f(x)$ と A は近くかつ $g(x)$ と B は近い．しかし，閾値が $A - B$ の半分であることから，$g(x) < \dfrac{A + B}{2} < f(x)$ という大小関係が得られる．

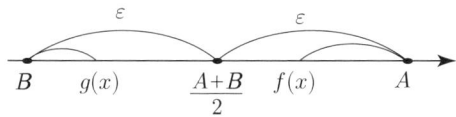

このことは $f(x) < g(x)$ に矛盾する．これは $A > B$ と仮定したためである．したがって $A \leq B$ が示された． □

次は「はさみうちの定理」とよばれる公式で高校の教科書でも証明抜きで紹介されている．

定理 1.20 (はさみうちの定理 (squeeze theorem))

3 つの関数 $f(x), g(x), h(x)$ があって，$f(x) \leq g(x) \leq h(x)$ が成り立っているとする．もし $\lim_{x \to a} f(x) = \lim_{x \to a} h(x) = A$ とするならば $\lim_{x \to a} g(x) = A$ である．

証明． $\lim_{x \to a} f(x) = \lim_{x \to a} h(x) = A$ であることから，任意の閾値 ε に対して，x と a とが十分近ければ $f(x)$ と A は近いし，$h(x)$ と A も近い．$f(x) \leq g(x) \leq h(x)$ であることから $g(x)$ と A とも近いことが分かる．したがって $\lim_{x \to a} g(x) = A$ である．(この最後の部分については演習問題で解決すること．)

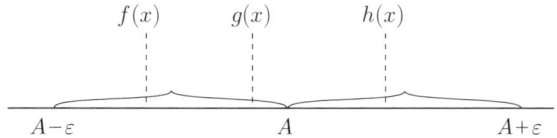

□

命題 1.21 (sin の極限の基本公式)

$\lim_{x \to 0} \dfrac{\sin x}{x} = 1$ である．ただし x はラジアンであるとする．

証明.

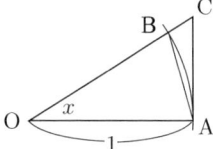

x を正の小さな角度とし，点 O, A, B, C を上の図のとおりとする．このとき，面積を比較すると

$$\triangle OAB < 扇形\ OAB < \triangle OAC$$

である．$\triangle OAB$ は底辺 1，高さ $\sin x$ なので，面積 $\frac{1}{2}\sin x$．扇形の面積は $\frac{x}{2}$ である．(ここで x がラジアンであることを用いていることに注意しよう．) $\triangle OAC$ は底辺 1，高さ $\tan x$ なので，面積は $\frac{1}{2}\tan x$ である．以上より

$$\sin x < x < \tan x \quad (ただし\ x\ は正の小さな角度)$$

逆数をとって

$$\frac{1}{\sin x} > \frac{1}{x} > \frac{\cos x}{\sin x}.$$

$\sin x$ を払って $1 > \dfrac{\sin x}{x} > \cos x$ を得る．x が負の場合にも同様である．

不等式 $1 > \dfrac{\sin x}{x} > \cos x$ の各辺について $\lim\limits_{x \to 0}$ を考えると，両側 $(1 と \cos x)$ は 1 に収束するので，はさみうちの定理により $\lim\limits_{x \to 0} \dfrac{\sin x}{x} = 1$ でなければならない． □

つぶやき

念のために説明しておくと，x が負の小さな角度の場合，$-x$ は正の角度になるので，$\sin(-x) < -x < \tan(-x)$ である．このことからやはり $1 > \dfrac{\sin x}{x} > \cos x$ を得ることができる．

この証明は面積を用いているが，じつは「単位円の面積は π である」ということを無条件で使っているので，その意味でこの証明は厳密とはいいにくい．積分による評価を用いて $\sin x < x < \tan x$ (ただし x は正の角度) を示すことができる．興味ある読者は河添著『微分積分学講義Ⅰ』を読んでみるとよい．

本書では小中学校で習ったような，素朴な意味合いでの円の面積の定義に基づいて証明していることを断っておく．

系 1.22
$$\lim_{x \to 0} \frac{1 - \cos x}{x^2} = \frac{1}{2}$$

証明．
$$\lim_{x \to 0} \frac{1 - \cos x}{x^2} = \lim_{x \to 0} \frac{(1 - \cos x)(1 + \cos x)}{x^2(1 + \cos x)}$$
$$= \lim_{x \to 0} \frac{\sin^2 x}{x^2} \cdot \frac{1}{1 + \cos x} = \frac{1}{2}$$

1.5 発散の定義

極限が無限大ということがありうるが，これも閾値の考え方を用いて高校のときよりは厳密に枠組みを考えてみよう．

ここまでは実数 a, A に対して $\lim_{x \to a} f(x) = A$ という式の成立を考えてきたが，a, A が $+\infty, -\infty$ の場合にもまったく区別することなく考えることができる．$\lim_{x \to a} f(x) = \pm\infty$ のときには収束とはいわずに **発散する** (diverge) という．

$f(x)$ と $+\infty$ が閾値 ε で近い，というともちろん $\varepsilon < f(x)$ の意味であるが，それでは「閾値が十分に大きい」というニュアンスを感じにくいので，ここでは大きい閾値の意味で ε のかわりに N を用いることにする．つまり $f(x)$ と $+\infty$ が閾値 N で近い，とは $N < f(x)$ の意味であり，$f(x)$ は十分に大きいと読みとるわけである．

例 1.23 $f(x) = \dfrac{1}{|x|}$，$a = 0$ を考えよう．われわれは経験的に $\lim_{x \to 0} \dfrac{1}{|x|} = \infty$ であることを知っているが，閾値付きの発散という観点からするとどうだろうか．
たとえば $\delta = 0.0001$ とするならば，$-0.0001 < x < 0.0001$ の範囲を考えることになるが，このとき $f(x) = \dfrac{1}{|x|}$ の値の範囲は $10000 < f(x)$ となる．このことから，閾値 $N = 10000$ については閾値つきで $\lim_{x \to 0} \dfrac{1}{|x|} = \infty$ であるといってよい．

常識的な線で考えるのであれば，閾値 $N = 100000$ で成り立っていればもうそれで十分という感じである．もし厳密な意味での $+\infty$ への発散を証明したければ，**任意の** N について x が 0 に十分近ければ $f(x)$ と $+\infty$ とが近くなることを証明しなければいけないわけだ．

関数が発散するかどうかを見破るのは次の定理によればよい．

命題 1.24 (関数発散の十分条件)

(1) $f(x) > 0$ のとき，$\displaystyle\lim_{x \to a} \frac{1}{f(x)} = 0 \Longrightarrow \lim_{x \to a} f(x) = \infty$ である．

(2) $f(x) < g(x)$ であり，かつ $\displaystyle\lim_{x \to a} f(x) = +\infty$ ならば $\displaystyle\lim_{x \to a} g(x) = +\infty$ である (はさみうちの定理)．

この命題は，「閾値 N に関して $f(x)$ が大きい」と「閾値 $\dfrac{1}{N}$ に関して $\dfrac{1}{f(x)}$ と 0 とが近い」とを読み替えれば容易に証明される．

つぶやき

極限をひとつひとつ定義していこうとすると，$\displaystyle\lim_{x \to a} f(x) = A$, $\displaystyle\lim_{x \to a} f(x) = \pm\infty$, $\displaystyle\lim_{x \to \pm\infty} f(x) = A$, $\displaystyle\lim_{x \to \pm\infty} f(x) = \pm\infty$ の 9 とおりあることになり (いくつかは統合して定義できるとしても)，労力として相当のものになる．もっとも用語のほうで「a が正の無限大に (閾値 N で) 近い $\Leftrightarrow N < a$」「a が負の無限大に (閾値 N で) 近い $\Leftrightarrow a < -N$」と定めておけば，最初の極限の定義ですべてが通用するのである．

注意 1.25 この章の最後に**右極限**と**左極限**も紹介しておこう．閾値の言葉でいうと，次のようになる．$\varepsilon > 0$ を固定する．定数 a, A に対して，関数 $f(x)$ が $x \to a$ で A に**閾値 ε で右収束する** (A が右極限である) とは，

$$\underline{x \, (> a) \text{ と } a \text{ とが近いならば } f(x) \text{ と } A \text{ が } \varepsilon \text{ で近いこと}}$$

とする．

要するに x の範囲を「$x \, (\neq a)$ と a が近いならば」とすれば普通の極限，「$x \, (> a)$ と a が近いならば」とすれば右極限，「$x \, (< a)$ と a が近いならば」とすれば**左極限**ということである．このことについてこの章では深く触れないが，定義域の

都合で右極限だけしか考えられない場合もあるし，また右極限と左極限が一致しない場合もありうる．そのような例については，その例が現れた段階で極限の意味について改めて考えることにする．

◆ 章末問題 A ◆

演習問題 1.1 2 つの実数 a, b が「近いかどうか」を調べるのに，「特定の桁を四捨五入する方法」と「閾値による方法」の違いを説明せよ．

演習問題 1.2 $|a - A| < \varepsilon$ と $A - \varepsilon < a < A + \varepsilon$ とが同値（必要十分条件）であることを示せ．

演習問題 1.3 下の 6 つの関数のグラフについて，$\lim_{x \to a} f(x)$ は存在するか？また存在するならその値はいくつか？（極限が存在しない場合と，発散する場合とを区別して答えよ．）

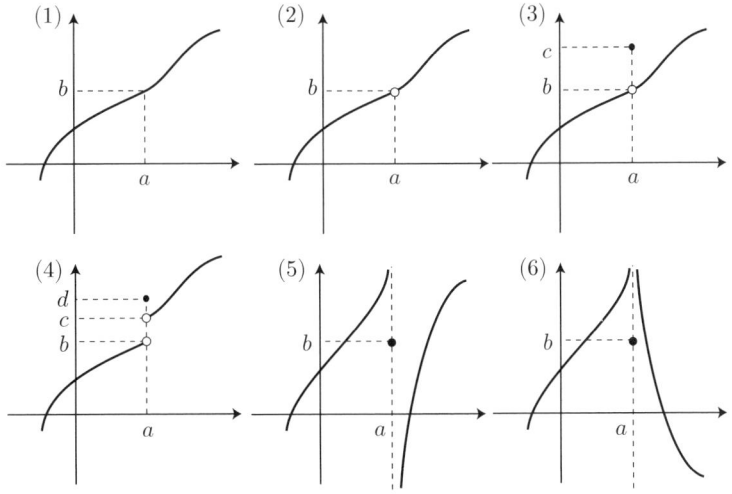

◆ 章末問題 B ◆

演習問題 1.4 $f(x) = x^3 - x$ について，$x \to 0$ で $f(x)$ が 0 に収束することを閾値つきで証明したい．もし $\varepsilon = 0.01$ だとしたら δ をどのようにとればそのことが証明されるか．

演習問題 1.5 次の極限値を求めよ．

(1) $\displaystyle\lim_{x\to\infty}\frac{x+1}{x^2+x+1}$

(2) n,m を自然数とするとき，$\displaystyle\lim_{x\to 1}\frac{x^n-1}{x^m-1}$

(3) $\displaystyle\lim_{x\to 0}\frac{1}{x}\left(\frac{1}{4}-\frac{1}{(x+2)^2}\right)$

(4) $\displaystyle\lim_{x\to\infty}\sqrt{x}(\sqrt{x+1}-\sqrt{x-2})$

(5) $\displaystyle\lim_{x\to 0}\frac{\sqrt{x+9}-3}{x}$

(6) $\displaystyle\lim_{x\to 0}\frac{\sin 3x}{\sin 4x}$

(7) $\displaystyle\lim_{x\to 0}\frac{\tan x-\sin x}{x^3}$

(8) $\displaystyle\lim_{t\to\infty}\left(2\log|t+1|-\log|2t^2-t+1|\right)$

演習問題 1.6 $\displaystyle\lim_{x\to 1}\frac{a\sqrt{x}+b}{x-1}=2$ を満たすような実数の定数 a,b を求めよ．

演習問題 1.7 $\displaystyle\lim_{x\to 0}\frac{\sqrt{1+ax^2}-b}{\sin^2 x}=2$ を満たすような実数の定数 a,b を求めよ．（第 8 章でテイラー展開を学習すると，より簡単に答えを出すことができる．その方法も考えてみよ．）

演習問題 1.8 $f(x)=[x]$ を x を超えない最大の整数で定義する．これをガウスの関数という．$\displaystyle\lim_{x\to 0}[x]$ は存在しないことを示せ．

演習問題 1.9 $\displaystyle\lim_{x\to 0}x\sin\left(\frac{1}{x}\right)=0$ であることを示せ．（ヒント：次の図を参考にせよ．）

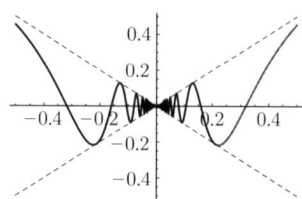

演習問題 1.10 a,b が閾値 ε_1 で近くにあり，c,d が閾値 ε_2 で近いとする．$c,d\neq 0$ ならば，$\dfrac{a}{c},\dfrac{b}{d}$ は閾値 $\dfrac{\varepsilon_2|a|+\varepsilon_1|c|}{|cd|}$ で近いことを示せ．

演習問題 1.11 A,B を定数で $A>B$ とする．$\varepsilon=\dfrac{A-B}{2}$ としたとき，$|f(x)-$

$A| < \varepsilon, |g(x) - B| < \varepsilon$ ならば，$g(x) < \dfrac{A+B}{2} < f(x)$ であることを証明せよ．

演習問題 1.12 ε を正の定数，A を定数とする．もし $|f(x) - A| < \varepsilon, |h(x) - A| < \varepsilon, f(x) \leq g(x) \leq h(x)$ ならば，$|g(x) - A| < \varepsilon$ であることを証明せよ．

◆章末問題 C ◆

演習問題 1.13 $\lim_{x \to a} f(x), \lim_{x \to a} g(x)$ が存在するとき，以下が成り立つことを示せ．
(1) $\lim_{x \to a}(f(x) \pm g(x)) = \lim_{x \to a} f(x) \pm \lim_{x \to a} g(x)$
(2) $\lim_{x \to a}(cf(x)) = c \cdot \lim_{x \to a} f(x)$
(3) $\lim_{x \to a}(f(x)g(x)) = \lim_{x \to a} f(x) \cdot \lim_{x \to a} g(x)$
(4) $\lim_{x \to a} \dfrac{f(x)}{g(x)} = \dfrac{\lim_{x \to a} f(x)}{\lim_{x \to a} g(x)}$ （ただし $\lim_{x \to a} g(x) \neq 0$）

演習問題 1.14 $\lim_{x \to 0} \sin\left(\dfrac{1}{x}\right)$ は存在しないことを示せ．

演習問題 1.15 関数 $f(x)$ と定数 a について，関数 $f(x)$ は a で連続であるとする．すなわち $\lim_{x \to a} f(x) = f(a)$ であるとする．$f(a) \neq 0$ のとき，a に十分近い値 x について，$f(x) \neq 0$ であることを示せ．(ヒント：閾値 $\varepsilon = |f(a)|$ として，収束の定義を用いよ．)

演習問題 1.16 関数 $f(x)$ は連続な関数 (すなわち任意の a について $\lim_{x \to a} f(x) = f(a)$) であって，任意の x について $f(x)$ は整数であるとする．このとき，$f(x)$ は定数関数(ある定数 c が存在して $f(x) = c$)であることを示せ．(ヒント：閾値として $\varepsilon = 1$ としてみよ．)

演習問題 1.17 もし収束の定義で
$$x\,(\neq a) \text{ と } a \text{ とが近いならば } f(x) \text{ と } A \text{ が } \varepsilon \text{ で近い}$$
を
$$x \text{ と } a \text{ とが近いならば } f(x) \text{ と } A \text{ が } \varepsilon \text{ で近い}$$

と変更すると，どのような不都合が生じるだろうか？

演習問題 1.18 閉区間 $[0,1]$ の上で定義された関数の列 $f_0(x), f_1(x), \cdots$ を次のようなものとする．（直線の傾きは ± 1 であるとする．）

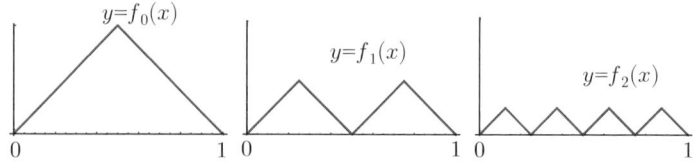

この関数の総和を $f(x)$ とする．以下の問いに答えよ．

(1) $f_0(x) = \min\{x, 1-x\}$ と表せる．$f_n(x)$ を式で表してみよ．

(2) 任意の $x \in [0,1]$ に対して，$f(x) = \sum\limits_{n=0}^{\infty} f_n(x)$ は収束するだろうか？このことを証明するには第7章の数列の極限に関する知識が必要である．

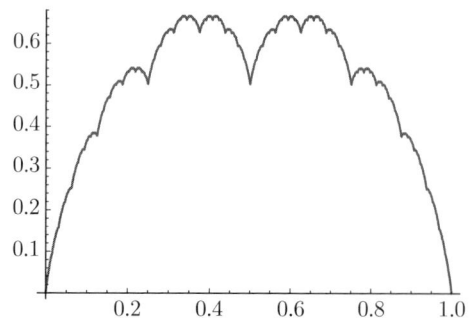

(3) たとえば，$f\left(\frac{1}{3}\right)$ を求めることはできるだろうか？

(4) こうして得られた関数 $f(x)$ は連続関数だろうか？（連続，極限のもともとの定義に遡らなければならない．難問である．）

(5) もし関数 $f(x)$ が連続であると証明されたならば，この関数には最大値があることになるが，最大値を与える x はいくつだろうか？

(6) こうして得られた関数 $f(x)$ は微分可能だろうか？（このことは次の章の微分の定義が必要である．）

第 2 章

微分の定義と基本公式

2.1 微分の定義

まずは，微分係数と導関数の定義の復習をしよう．

定義 2.1 (微分係数 (derivative))　$f(x)$ を関数とする．実数 a に対して，極限
$$\lim_{h \to 0} \frac{f(a+h) - f(a)}{h}$$
が収束して値を持つとき，これを $f'(a)$ を書いて，「$f(x)$ の $x = a$ における微分係数」という．

例 2.2　$f(x) = x^3 - 2x + 4$, $a = 2$ とすると，$f(2+h) = (2+h)^3 - 2(2+h) + 4$ と $f(2) = 2^3 - 2 \cdot 2 + 4$ に注意して，
$$\lim_{h \to 0} \frac{f(a+h) - f(a)}{h} = \lim_{h \to 0} \frac{((2+h)^3 - 2(2+h) + 4) - (2^3 - 2 \cdot 2 + 4)}{h}$$
$$= \lim_{h \to 0} \frac{(8 + 12h + 6h^2 + h^3 - 4 - 2h + 4) - (8 - 4 + 4)}{h}$$
$$= \lim_{h \to 0} \frac{h^3 + 6h^2 + 10h}{h} = \lim_{h \to 0} (h^2 + 6h + 10) = 10$$
したがって，$f'(2) = 10$ である．

微分係数にはさまざまな意味づけがあるが，その代表的なものはグラフの接線と，運動の速度ベクトルである．まずはグラフの接線について説明しよう．微分係数の定義の式の分子である $\dfrac{f(a+h) - f(a)}{h}$ の図形的な意味をみてみよう．

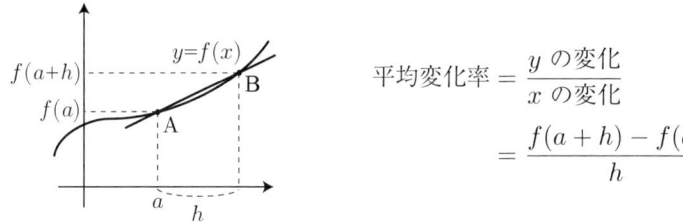

$$平均変化率 = \frac{y \text{ の変化}}{x \text{ の変化}}$$
$$= \frac{f(a+h) - f(a)}{h}$$

この図において直線 AB の傾きが平均変化率である．この図から $h \to 0$ という極限を考えてみると，

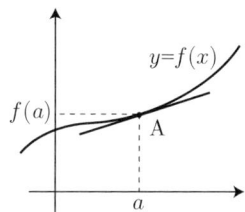

となり，その極限は接線の傾きということになる．すなわち，平均変化率とは接線の傾きのことであることが分かる．

もう 1 つの意味付けは速度としての微分である．数直線上を動く点があるとして，基準となる時刻から x 秒後に $f(x)$ のところに点があるものとする．こうすると $f(a)$ とは a 秒後の場所，$f(a+h)$ は $a+h$ 秒後の点の場所ということになる．$f(a+h) - f(a)$ はこの短い時間 h の間に移動した距離のことであり，$\dfrac{f(a+h) - f(a)}{h}$ は h 秒間の間の平均の速度ということになる．

したがって，平均変化率とは平均の速度のことであり，$\lim\limits_{h \to 0}$ を考えた極限は瞬間の速度のことであることが分かる．

つぶやき

瞬間の速度といえば，有名なパラドックスに「飛ぶ矢動かず」というものがある．つまり，飛んでいる矢といえども，瞬間だけを見れば動いていないのではないか，というパラドックスである．このことは速度というものが「2 つの時刻の差」を元に考えていることを示唆している．

この話がなぜパラドックスかといえば，要するに「これ以上分解できない時間の最小単位は存在するか」という哲学的問題が絡むからである．数学では「いくらでも小さな時間の刻みは存在する」と考える．しかし「いくらでも小さい

もの」を人間が認識することはできないので「認識できないものは存在しない」という考え方もありうるわけである．

平均変化率を式で表すと $\dfrac{f(a+h)-f(a)}{h}$ であるが，この式は $h \neq 0$ という仮定のもとで成立する式である．もし $h = 0$ だったとすると分母も分子も 0 になってしまって計算できないわけである．そこで $h = 0$ を代入するかわりに $h \to 0$ の極限を考えるわけである．ここで極限について改めて思い起こしてみよう．$h \to 0$ の極限とは，$h \neq 0$ で h が 0 に近いときに，$\dfrac{f(a+h)-f(a)}{h}$ がどのような値に近いのか，を表したものである．したがってこのことが「微小時間の平均速度」がどのような値に近いのか，という意味になり，その意味で瞬間の速度という概念を表していることになるのである．

例 2.3
$$f(x) = \begin{cases} (x-1)^2 & (0 \leq x) \\ (x+1)^2 & (x < 0) \end{cases}$$

の $x = 0$ における微分係数を求めてみよう．

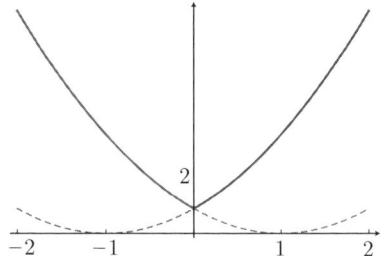

定義に従って $0 < h$ のときには
$$\lim_{h \to +0} \frac{f(a+h)-f(a)}{h} = \lim_{h \to +0} \frac{f(h)-f(0)}{h} = \lim_{h \to +0} \frac{(h+1)^2-1}{h}$$
$$= \lim_{h \to +0} h + 2 = 2$$

$0 < h$ のときは
$$\lim_{h \to -0} \frac{f(a+h)-f(a)}{h} = \lim_{h \to -0} \frac{f(h)-f(0)}{h} = \lim_{h \to -0} \frac{(h-1)^2-1}{h}$$
$$= \lim_{h \to -0} h - 2 = -2$$

この極限は存在しない．これはグラフの形が図のようにとがっていることからおこる．0 の右側では傾き -2 であり，0 の左側では傾きが 2 なので，このことか

ら「$x=0$ での微分係数は存在しない」というのが答えになる. (右極限と左極限が一致しないので極限が存在しない, という解答も正しい.)

導関数の観点から説明してもよい. つまり

$$f(x) = \begin{cases} (x-1)^2 & (0 \leq x) \\ (x+1)^2 & (x < 0) \end{cases} \quad \text{より} \quad f'(x) = \begin{cases} 2(x-1) & (0 < x) \\ 2(x+1) & (x < 0) \end{cases}$$

であるので, $x=0$ のところで $f'(x)$ は決まらない, という計算を示しても同じことである.

定義 2.4 (導関数 (derivative)) $f(x)$ を関数とする. x を変数とする極限

$$\lim_{h \to 0} \frac{f(x+h) - f(x)}{h}$$

が各 x に対して収束して値を持つとき, これを $f'(x)$ を書いて,「$f(x)$ の導関数」という. 導関数はほかにも $\frac{d}{dx}f(x), \frac{df}{dx}(x)$ などと書く. 関数 $f(x)$ から導関数 $f'(x)$ を求めることを「微分する (differentiate)」という.

2.2　導関数の基本公式

命題 2.5 (多項式の微分)

(1)　$f(x) = c$ (c は定数) ならば, $f'(x) = 0$
(2)　$f(x) = x^n$ ならば $f'(x) = nx^{n-1}$　$(n = 1, 2, \cdots)$

証明. (1) は容易なので, (2) のみ示そう.

$$\begin{aligned} f'(x) &= \lim_{h \to 0} \frac{f(x+h) - f(x)}{h} = \lim_{h \to 0} \frac{(x+h)^n - x^n}{h} \\ &= \lim_{h \to 0} \frac{(x^n + {}_nC_1 h x^{n-1} + {}_nC_2 h^2 x^{n-2} + \cdots + h^n) - x^n}{h} \\ &= \lim_{h \to 0} \frac{{}_nC_1 h x^{n-1} + {}_nC_2 h^2 x^{n-2} + \cdots + h^n}{h} \\ &= \lim_{h \to 0} {}_nC_1 x^{n-1} + {}_nC_2 h x^{n-2} + \cdots + h^{n-1} = nx^{n-1} \end{aligned}$$ □

命題 2.6 (微分の基本公式)

(1) $(f(x) \pm g(x))' = f'(x) \pm g'(x), (cf(x))' = cf'(x)$ (c は定数)

(2) $(f(x)g(x))' = f'(x)g(x) + f(x)g'(x)$

(3) $\left(\dfrac{f(x)}{g(x)}\right)' = \dfrac{f'(x)g(x) - f(x)g'(x)}{(g(x))^2}$

ここで，記号を導入しよう．関数 f と実数 a について，a における値 $f(a)$ のことを簡単に f と書き，わずかにずれた場所 $a+h$ における値 $f(a+h)$ のことを f_+ と書くことにする．y の変化の式 $f(a+h) - f(a)$ を Δf と書くことにし，x の変化の式 h を Δx と書くことにする．こうすると，微分係数とは

$$\frac{df}{dx}(a) = \lim_{\Delta x \to 0} \frac{\Delta f}{\Delta x} = \lim_{\Delta x \to 0} \frac{f_+ - f}{\Delta x}$$

と表わされることが分かる．ここで，$\lim_{\Delta x \to 0} f_+ = f$ であることに特に注意して，以下の計算を検算してほしい．

証明．(1)

$$\begin{aligned}(f(x) \pm g(x))' &= \lim_{\Delta x \to 0} \frac{(f \pm g)_+ - (f \pm g)}{\Delta x} = \lim_{\Delta x \to 0} \frac{(f_+ \pm g_+) - (f \pm g)}{\Delta x} \\ &= \lim_{\Delta x \to 0} \frac{(f_+ - f) \pm (g_+ - g)}{\Delta x} = \lim_{\Delta x \to 0} \frac{f_+ - f}{\Delta x} \pm \frac{g_+ - g}{\Delta x} \\ &= f'(x) \pm g'(x)\end{aligned}$$

(2) $$\begin{aligned}(f(x) \cdot g(x))' &= \lim_{\Delta x \to 0} \frac{(f \cdot g)_+ - (f \cdot g)}{\Delta x} = \lim_{\Delta x \to 0} \frac{f_+ \cdot g_+ - f \cdot g}{\Delta x} \\ &= \lim_{\Delta x \to 0} \frac{f_+ g_+ + fg_+ - fg_+ + fg}{\Delta x} \\ &= \lim_{\Delta x \to 0} \frac{f_+ - f}{\Delta x} \cdot g_+ + f \cdot \frac{g_+ - g}{\Delta x} \\ &= f'(x)g(x) + f(x)g'(x)\end{aligned}$$

(3) $$\begin{aligned}\left(\frac{f(x)}{g(x)}\right)' &= \lim_{\Delta x \to 0} \frac{(f/g)_+ - (f/g)}{\Delta x} = \lim_{\Delta x \to 0} \frac{f_+/g_+ - f/g}{\Delta x} \\ &= \lim_{\Delta x \to 0} \frac{f_+ \cdot g - f \cdot g_+}{g_+ \cdot g \cdot \Delta x} = \lim_{\Delta x \to 0} \frac{f_+ g - fg + fg - f \cdot g_+}{g_+ \cdot g \cdot \Delta x}\end{aligned}$$

$$= \lim_{\Delta x \to 0} \frac{1}{g_+ \cdot g} \left(\frac{f_+ - f}{\Delta x} \cdot g - f \cdot \frac{g_+ - g}{\Delta x} \right)$$
$$= \frac{f'(x)g(x) - f(x)g'(x)}{g(x)^2} \qquad \square$$

命題 2.7 (合成関数,逆関数の微分)

(1) $(f(g(x)))' = f'(g(x)) \cdot g'(x)$

(2) $y = f(x)$ の逆関数を $x = g(y)$ とすると,$g'(y) = \dfrac{1}{f'(x)}$.

証明. (1) 合成関数の微分公式の証明には高校で学習した微分の定義では不足である.本式の証明は演習で紹介する.概略を書くと

$$(f(g(x)))' = \lim_{\Delta x \to 0} \frac{(f(g))_+ - f(g)}{\Delta x} = \lim_{\Delta x \to 0} \frac{f_+(g) - f(g)}{\Delta g} \cdot \frac{\Delta g}{\Delta x}$$
$$= f'(g(x)) \cdot g'(x)$$

ということで,これはこれで明快なのだが,分母の Δg が決して 0 にならない保証がないので,この証明は不十分である.

(2) 逆関数は高校で学習済みであるが,第 3 章で改めて内容を確認する.自信がなければまず 3 章 1 節を先に読むとよい.$y = f(x)$ より $y_+ = f_+$,$x = g(y)$ より $g_+ = x_+$ であることに注意して計算しよう.

$$g'(y) = \lim_{\Delta y \to 0} \frac{g_+ - g}{\Delta y} = \lim_{\Delta y \to 0} \frac{x_+ - x}{f_+ - f} = \lim_{\Delta x \to 0} \frac{1}{\frac{f_+ - f}{\Delta x}} = \frac{1}{f'(x)} \qquad \square$$

例 2.8 (1) $f(x) = (x^3 + x + 1)^4$ とする.関数を「外側」と「内側」にわけて,それぞれに微分する.まず,$X = x^3 + x + 1$ とおいて,これを「内側」とする.このときの「外側」は X^4 になる.「内側」を微分して $X' = (x^3 + x + 1)' = (3x^2 + 1)$.「外側」を微分して $(X^4)' = 4X^3$.これらを掛けて,$f'(x) = 4X^3(3x^2 + 1) = 4(x^3 + x + 1)^3(3x^2 + 1)$ が答えになる.

(2) $x = g(y) = \sqrt{y}$ とする.これは $y = f(x) = x^2$ の逆関数なので,

$$g'(y) = \frac{1}{(x^2)'} = \frac{1}{2x} = \frac{1}{2\sqrt{y}}$$

を得る.

> **つぶやき**
>
> 合成関数の微分公式を $\dfrac{dy}{dx} = \dfrac{dy}{dt} \cdot \dfrac{dt}{dx}$ と表現することもある．これは $y = f(g(x)), t = g(x)$ とおいたものである．$\dfrac{dy}{dt}$ が外側の微分で，$\dfrac{dt}{dx}$ が内側の微分である．

命題 2.9 (三角関数の微分)

(1) $(\sin x)' = \cos x$

(2) $(\cos x)' = -\sin x$

(3) $(\tan x)' = \dfrac{1}{\cos^2 x}$

証明． 加法定理を使って，

$$(\sin x)' = \lim_{h \to 0} \frac{\sin(x+h) - \sin x}{h}$$

$$= \lim_{h \to 0} \frac{\sin x \cos h + \cos x \sin h - \sin x}{h}$$

$$= \lim_{h \to 0} \frac{\sin x (\cos h - 1)}{h} + \frac{\cos x \sin h}{h}$$

$$= \sin x \lim_{h \to 0} \frac{(\cos h - 1)}{h^2} \cdot h + \cos x \lim_{h \to 0} \frac{\sin h}{h}$$

さて，ここで，$\lim_{h \to 0} \dfrac{(\cos h - 1)}{h^2} = -\dfrac{1}{2}, \lim_{h \to 0} \dfrac{\sin h}{h} = 1$ だったので，これらを代入すると，

$$(\sin x)' = \sin x \cdot \left(-\frac{1}{2}\right) \cdot 0 + \cos x \cdot 1 = \cos x$$

が得られる． □

注意 2.10 三角関数は $\sin x$（サイン，正弦），$\cos x$（コサイン，余弦），$\tan x$（タンジェント，正接）のほかに $\cot x = \dfrac{\cos x}{\sin x} = \dfrac{1}{\tan x}$（コタンジェント，余接），

$\sec x = \dfrac{1}{\cos x}$（セカント，正割），$\operatorname{cosec} x = \dfrac{1}{\sin x}$（コセカント，余割）がある．後者 3 つは現代では使われる頻度が減っているが，時に使われることもあるので知っておくとよい．

◆章末問題 A ◆

演習問題 2.1 $f(x) = c$ とするとき $f'(x) = 0$ を示せ．

演習問題 2.2 (1) $(x^3 + 2x^2 + 3x + 4)'$ を求めよ．
(2) $\{(x^4 + 3x^2 + 1)(x^3 + 2)\}'$ を求めよ．
(3) $\left(\dfrac{2x}{x^2+1}\right)'$ を求めよ．

演習問題 2.3 (1) $((x^4 + x + 1)^5)'$ を求めよ．
(2) $(\cos(x^2 + 1))'$ を求めよ．
(3) $(\sqrt{x^2 + x + 1})'$ を求めよ．
(4) $y = x^2 + 1$（ただし $0 < x$）の逆関数を求め，その微分を求めよ．

◆章末問題 B ◆

演習問題 2.4 $(\cos x)'$，$(\tan x)'$ の公式を示せ．

演習問題 2.5 $(\cot x)'$，$(\sec x)'$，$(\operatorname{cosec} x)'$ を求めよ．

演習問題 2.6 関数 f が微分可能かつ偶関数 (even function)（$f(x) = f(-x)$ を満たす関数）のとき，$f'(0) = 0$ であることを証明せよ．

◆章末問題 C ◆

演習問題 2.7 $f(x) = \begin{cases} x^2 & (x \neq 0) \\ 3 & (x = 0) \end{cases}$ の $x = 0$ における微分係数を求めよ．

演習問題 2.8 関数 f が連続かつ奇関数 (odd function)（$f(x) = -f(-x)$ を

満たす関数) であるとする．このとき，$x = 0$ における微分係数 $f'(0)$ はいつでも存在するような気がするが，それは正しいか？

演習問題 2.9 (1)　関数 f が，任意の x に対して $f(x) = f(x+1)$ を満たすとき，$f'(x) = f'(x+1)$ であることを示せ．

(2)　関数 f が導関数を持つと仮定し，任意の x に対して $f'(x) = f'(x+1)$ を満たすものの $f(x) = f(x+1)$ でないような例を見つけよ．このときはある定数 c が存在して $f(x) = f(x+1) + c$ となることを示せ．

演習問題 2.10　微分係数の別定義を行う．関数 f と定数 a に対して，

$$\lim_{h \to 0} \frac{f(a+h) - f(a) - Mh}{|h|} = 0 \qquad (\star)$$

を満たすような定数 M が存在するとき，この M を関数 f の a における微分係数という．これを「微分係数の別定義」と名付けることにすると，定義 2.1 の微分係数の定義とこの定義が同じ値を与えることを示せ．つまり，$\lim_{h \to 0} \dfrac{f(a+h) - f(a)}{h}$ が収束するならば $(\star)$ を満たす定数 M が存在すること，また $(\star)$ を満たす定数 M が存在するならば $\lim_{h \to 0} \dfrac{h(a+h) - f(a)}{h}$ が収束して M に等しい．この 2 つのことを示せ．

演習問題 2.11　上の定義を用いて合成関数の微分公式を厳密に証明せよ．まず，

$$\phi = \frac{f_+(g) - f(g) - M\Delta g}{|\Delta g|}, \quad \psi = \frac{g_+ - g - N\Delta x}{|\Delta x|}$$

とし，$\lim_{\Delta g \to 0} \phi = \lim_{\Delta x \to 0} \psi = 0$ を仮定する．さらに，$\Delta g = g_+ - g$ であるとしよう．ここで M が外側の微分，N が内側の微分に相当することに注意せよ．

(1)　$\Delta g = g_+ - g$ を用いて $f_+(g) = f(g_+)$ を示せ．

(2)　第 1 式の $M\Delta g$ に第 2 式の $g_+ - g$ を代入することにより

$$f(g_+) - f(g) - M(N\Delta x + \psi|\Delta x|) = \phi|\Delta g|$$

を示せ．

(3)　両辺を $|\Delta x|$ で割って $\Delta x \to 0$ という極限をとることにより，合成関数の微分公式を証明せよ．

第 3 章

初等関数

　高等学校で学習した，多項式，分数式，無理関数，指数関数，対数関数に加えて，この章では双曲線関数，逆三角関数を学ぶ．これらを総称して初等関数とよぶ．

3.1 逆関数

　逆関数を考えるために，まず高校で学習した定義域，値域を復習しておく．

定義 3.1 (定義域 (domain (of definition), source)，**値域** (range)) $\mathbb{R}$ を実数の集合とし，その部分集合 $S, T \subset \mathbb{R}$ を考える．集合 S が関数 $y = f(x)$ の定義域であるとは，集合 S の任意の要素 $x \in S$ について $y = f(x)$ が定まっていることとする．集合 T が関数 $f(x)$ の値域であるとは，集合 T が関数 $y = f(x)$ のとり得る値の全体の集合であることをいう．

注意 3.2 与えられた定義域と関数に対して，その値域を求めるためには，グラフの増減から概形を知る必要がある．グラフの増減を調べる方法は後で述べる．

定義 3.3 (逆関数 (inverse function)) 関数 $y = f(x)$ の定義域が S，値域が T であるとしよう．関数 $y = f(x)$ によって定義域の要素 $x \in S$ と値域の要素 $y \in T$ とが余りなく，かつ重複なく 1 対 1 に対応するとき，関数 f は**全単射** (bijection) であるという．関数 f が全単射のとき，逆関数 $x = g(y)$ を考えることができ，記号は $x = f^{-1}(y)$ が用いられる．すなわち，$x = g(f(x))$ でありかつ $y = f(g(y))$ である．

例 3.4 $y = f(x) = x^3$ とする．定義域を $S = \{x \mid x \geq 0\}$ とすると，値域は $T = \{y \mid y \geq 0\}$ となる．このとき，x と $y = f(x) = x^2$ とは余りなく 1 対 1 に対応しているので，全単射であるといえる．このとき，逆関数は $x = g(y) = \sqrt[3]{y}$

となる．逆関数のグラフは $y = x$ を軸として線対称に移動した図形になる．

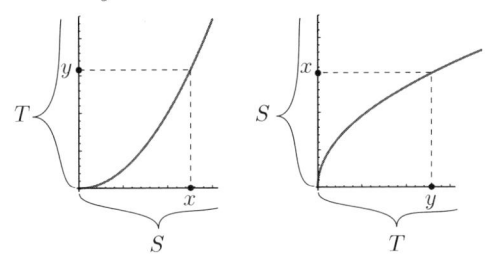

つぶやき

通常は，定義域の変数を x，値域の変数を y と表記するのが習慣なので，「$y = x^3$ の逆関数は $y = \sqrt[3]{x}$ である」ということになる．その意味で考えると，「逆関数とは，x と y とを交換して，それを y について解いた式」という理解でもよいことになる．

3.2 無理関数

平方根を含むような関数を無理関数という．典型的な例は $\sqrt{2x+1}, \sqrt{x^2+1}$, $\dfrac{x+1}{\sqrt{x^2-1}}$ などである．

$y = x^2$ の $x > 0$ の部分だけをとりだし，この逆関数を考えると，$y = \sqrt{x}$ である．このグラフを比較すると，次の図のようになっている．

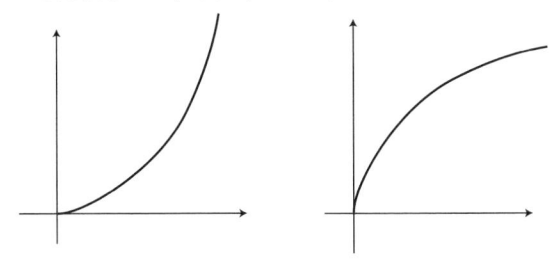

このことから，次の 2 つのルールが与えられることが分かる．
(1)　$0 \leq \sqrt{x}$
(2)　$\sqrt{f(x)}$ が実数値をとる．$\iff 0 \leq f(x)$

例 3.5　$\sqrt{2x+1} = x-1$ という方程式の解を求めよう．まず上の 2 つのルー

ルから, $0 \leq 2x+1, 0 \leq x-1$ という前提があることが分かる. 次には両辺を 2 乗して

$$2x+1 = (x-1)^2 \implies x = 0, 4$$

を得るが, $x=0$ のほうは $0 \leq x-1$ を満たさないので $x=4$ のみが解である.

このことをグラフを用いて確かめてみよう. $y = \sqrt{2x+1}$ と $y = x-1$ のグラフを重ねて描写してみることにより確認することができる.

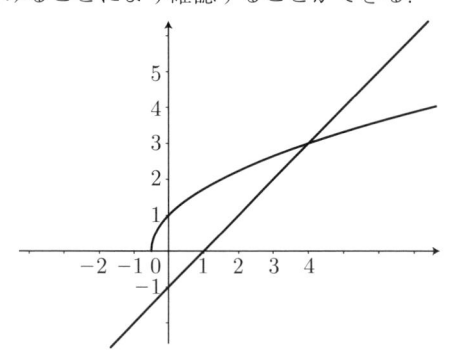

3.3 指数関数・対数関数

次に指数関数, 対数関数の定義を復習し, 双曲線関数の定義と性質を述べる.

定義 3.6 (**指数関数** (exponential function)) a を正の実数とする. 任意の実数 x について, a の x 乗 a^x を次の手順で定義する.

(1) もし x が自然数 $x = 1, 2, 3, \cdots$ だったら, $a^x = a \times a \times \cdots \times a$ (x 回の積) とする.

(2) もし $x=0$ だったら $a^0 = 1$ とし, x が負の整数だったら $a^x = \dfrac{1}{a^{-x}}$ とする.

(3) もし x が有理数で $x = \dfrac{p}{q}$ と表されている (p は整数, q は正の整数) ときは, $a^x = a^{\frac{p}{q}} = \sqrt[q]{a^p}$ とする. ($\sqrt[q]{}$ は「q 乗根」の意味とする.)

(4) もし x が無理数のときは, x にどんどん近づく有理数の列 $x_n = \dfrac{p_n}{q_n}$ を考え, 極限 $\lim_{n \to \infty} a^{x_n}$ を a^x と定義する.

例 3.7 $2^{\sqrt{2}}$ の値はどのようにして決まるかを考えてみよう．$\sqrt{2} \sim 1.41421356$ が分かっているので，電卓を使って $2^{1.41421356}$ を計算すると 2.6651441 であると表示されるが，この数字の意味はどういうことだろうか．1.41421356 はあくまでも途中で桁を打ち切った小数であり，$\sqrt{2}$ の真の値ではない．

上の定義の (4) が主張していることを平たくいうと，$\sqrt{2} \sim 1.41421356$ ならば $2^{\sqrt{2}} \sim 2.6651441$ ということなのである．すなわち，$2^{\sqrt{2}}$ のように，有理数でない x に対する指数関数 a^x の値を有理数による近似の極限で定義しようというのである．(1.41421356 は有限小数なので有理数であることに注意しよう．)

もっと細かい話になるが，そもそも x_n を有理数の列としたときに，a^{x_n} が実数の中で収束するのか？という問題もある．もちろん答はイエスで，証明もできる．ここでは「コーシー列」を利用して証明できることを示唆するにとどめておく．

前の節で指数関数は連続関数であると述べたが，指数関数に関しては「x が有理数であるときにまず定義して，その後に，関数 $f(x) = a^x$ が連続関数になるように x が無理数の場合の値を決める」というのが正しい定義であることが分かる．

この指数関数の定義の仕方は，今後指数関数の計算をする上で直接役に立つわけではない．言ってみれば雑学といってもよい．しかし，指数関数 1 つとっても自明に定義されているわけではないことを知っておくことはよいだろう．

このような奇妙な定義を行っているにもかかわらず，

$$a^{-m} = \frac{1}{a^m}, \quad a^m \cdot a^n = a^{m+n}, \quad (a^m)^n = a^{mn}$$

は任意の実数 m, n について成り立つことを証明することができる．

対数関数は指数関数の逆関数として定義される．

定義 3.8 (**対数関数** (logarithm)) a を正の実数で 1 でないとし，x を正の実数とする．このとき，$x = a^y$ をみたすような実数 y はただ 1 つ存在するので，これを $\log_a x = y$ と書く．このときの a を対数の底 (base)，x を対数の真数という．対数の真数は正の実数でなければならない．

対数関数は次の公式を満たす．

命題 3.9 (対数関数の基本公式)

(1) $\log_a x + \log_a y = \log_a(xy)$

(2) $\log_a x - \log_a y = \log_a\left(\dfrac{x}{y}\right)$

(3) $\log_a x^b = b \log_a x$

(4) $\dfrac{\log_a y}{\log_a x} = \log_x y$

微分積分学においては，指数関数，対数関数はネイピアの提唱したネイピア数を底として考えることが多い．それは，ネイピア数が指数関数，対数関数の微分公式に関して特別な数であるからである．

定義 3.10 (ネイピア数 (Napier's constant) (自然対数の底 (base of the natural logarithm))) 次の性質をもつ実数 e はすべて同一の数である．これをネイピア数とよぶ．ネイピア数の概数は $e \sim 2.71828182845\cdots$ である．

(1) $e = \lim_{n \to \infty}\left(1 + \dfrac{1}{n}\right)^n = \lim_{x \to 0}(1+x)^{\frac{1}{x}}$ である．

(2) $e = 1 + \dfrac{1}{1!} + \dfrac{1}{2!} + \dfrac{1}{3!} + \cdots$ である．

($1 \cdot 2 \cdots \cdots n$ を n の階乗といって $n!$ と書く．)

(3) $\lim_{x \to 0} \dfrac{e^x - 1}{x} = 1$ を満たす．

(4) $(e^x)' = e^x$ を満たす．

(5) $(\log_e x)' = \dfrac{1}{x}$ (ただし e は対数の底)を満たす．

e を底とする対数関数 $\log_e x$ は**自然対数** (natural logarithm) とよばれ，単に $\log x$ と書いたり $\ln x$ と書いたりする．このことから e を**自然対数の底**ということもある．

注意 3.11 通常の教科書ではネイピア数を (1) で定義し，他の式を (1) から導くのが普通である．この教科書ではその証明を演習にするかわりに定義の形でまとめた．特に，(3)(4)(5) については，$e \sim 2.7182818\cdots$ のほかにこの性質を満たす正の定数が存在しないことを示せるのである．(2) が成り立つことについてはテイラー展開のところで再び触れる．

3.4 双曲線関数

ネイピア数の指数関数を用いて双曲線関数を定義することができる．

定義 3.12 (双曲線関数 (hyperbolic function)) 双曲線関数 $\sinh, \cosh, \tanh$ を

$$\sinh x = \frac{e^x - e^{-x}}{2} \quad （ハイパボリック・サイン）$$

$$\cosh x = \frac{e^x + e^{-x}}{2} \quad （ハイパボリック・コサイン）$$

$$\tanh x = \frac{e^x - e^{-x}}{e^x + e^{-x}} \quad （ハイパボリック・タンジェント）$$

によって定める．

命題 3.13 (双曲線関数の公式)

(1) $\cosh^2 x - \sinh^2 x = 1$

(2) $\tanh x = \dfrac{\sinh x}{\cosh x}$

証明． $\cosh^2 x - \sinh^2 x = \left(\dfrac{e^x + e^{-x}}{2}\right)^2 - \left(\dfrac{e^x - e^{-x}}{2}\right)^2 = 1$ □

注意 3.14 平面上の $(\cosh t, \sinh t)$ (t はすべての実数)という点を考えると，どのような図形を描くだろうか．$x = \cosh t, y = \sinh t$ とおくと，$x > 0$ であり，かつ $x^2 - y^2 = 1$ である．このことから，双曲線 $x^2 - y^2 = 1$ の右半分であることがわかる．双曲線関数の名前の由来もここにある．

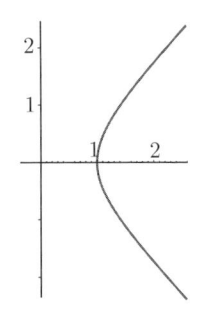

双曲線関数の微分は，指数関数の微分の簡単な応用である．

命題 3.15 (双曲線関数の微分)

(1) $(\sinh x)' = \cosh x$

(2) $(\cosh x)' = \sinh x$

(3) $(\tanh x)' = \dfrac{1}{\cosh^2 x}$.

証明．(1) $(\sinh x)' = \left(\dfrac{e^x - e^{-x}}{2}\right)' = \dfrac{e^x - (-1)e^{-x}}{2} = \dfrac{e^x + e^{-x}}{2} = \cosh x$

(2) $(\cosh x)' = \left(\dfrac{e^x + e^{-x}}{2}\right)' = \dfrac{e^x + (-1)e^{-x}}{2} = \dfrac{e^x - e^{-x}}{2} = \sinh x$

(3) $(\tanh x)' = \left(\dfrac{e^x - e^{-x}}{e^x + e^{-x}}\right)'$

$= \dfrac{(e^x - (-1)e^{-x})(e^x + e^{-x}) - (e^x - e^{-x})(e^x + (-1)e^{-x})}{(e^x + e^{-x})^2}$

$= \dfrac{4}{(e^x + e^{-x})^2} = \dfrac{1}{\cosh^2 x}$ □

つぶやき

この公式により $\sinh x$ と $\cosh x$ は「2回微分すると元に戻る」という性質がある．すなわち，$y'' = y$ という方程式（関数の微分を含む方程式なので微分方程式とよばれる）を満たすことになるが，逆に $y'' = y$ という微分方程式を満たす関数は $y = Ae^x + Be^{-x}$（ただし A, B は定数）の形に限られることが知られている．

3.5　逆三角関数

次に，三角関数の定義域を制限することにより，三角関数の逆関数を考える．これを逆三角関数とよぶ．以下，a, b を実数とするとき $[a, b] = \{x \in \mathbb{R} \mid a \leq x \leq b\}$ と定め，$(a, b) = \{x \in \mathbb{R} \mid a < x < b\}$ と定める．

定義 3.16 (逆三角関数 (inverse trigonometric function)) （1） 関数 $y = \sin x$ の定義域を $S = \left[-\dfrac{\pi}{2}, \dfrac{\pi}{2}\right]$ としたとき，値域は $T = [-1, 1]$ であって，この逆関数を $y = \arcsin x$ （アークサイン）と書く．

（2） 関数 $y = \cos x$ の定義域を $S = [0, \pi]$ としたとき，値域は $T = [-1, 1]$ であって，この逆関数を $y = \arccos x$ （アークコサイン）と書く．

（3） 関数 $y = \tan x$ の定義域を $S = \left(-\dfrac{\pi}{2}, \dfrac{\pi}{2}\right)$ としたとき，値域は $T = \mathbb{R}$ （実数全体）であって，この逆関数を $y = \arctan x$ （アークタンジェント）と書く．

例 3.17 $\sin \dfrac{\pi}{3} = \dfrac{\sqrt{3}}{2}$ より $\arcsin \dfrac{\sqrt{3}}{2} = \dfrac{\pi}{3}$, $\tan \dfrac{\pi}{4} = 1$ より $\arctan 1 = \dfrac{\pi}{4}$ である．$y = \sin x$ と $x = \arcsin y$ とは同じ意味だが，$x = \arcsin y$ の範囲は $-\dfrac{\pi}{2} \leq x \leq \dfrac{\pi}{2}$, $x = \arccos y$ の範囲は $0 \leq x \leq \pi$ に限定していることに注意しよう．したがって，$\cos(2\pi) = 1$ だが，$\arccos 1 = 0$ である．

> **つぶやき**
>
> サイン $\sin x$ の逆関数であるアークサイン $\arcsin x$ のことを $\sin^{-1} x$ と表記する教科書も多く見られるが，この記号は $(\sin x)^{-1} = \dfrac{1}{\sin x}$ と混同しやすいので注意が必要である．

次は逆三角関数の微分公式を導こう．逆関数の微分公式を適応すれば正しく求まるのだが，符号についての繊細な考察が必要である．

命題 3.18 (逆三角関数の微分公式)

（1） $(\arcsin x)' = \dfrac{1}{\sqrt{1 - x^2}}$

（2） $(\arccos x)' = \dfrac{-1}{\sqrt{1 - x^2}}$

（3） $(\arctan x)' = \dfrac{1}{x^2 + 1}$

証明. （1） $\arcsin x = y$ とおくと，$x = \sin y$ より，$y' = \dfrac{1}{(\sin y)'} = \dfrac{1}{\cos y}$ となる．$-1 \leq x \leq 1$ に対して，$-\dfrac{\pi}{2} \leq y \leq \dfrac{\pi}{2}$ だから，$0 \leq \cos y$ である．したがって，$\cos y = \sqrt{1 - \sin^2 y} = \sqrt{1 - x^2}$ であって，これを代入して $(\arcsin x)' = \dfrac{1}{\sqrt{1 - x^2}}$ となる．

（2） $\arccos x = y$ とおくと，$x = \cos y$ であるから，$y' = \dfrac{1}{(\cos y)'} = -\dfrac{1}{\sin y}$ となる．$-1 \leq x \leq 1$ に対して，$0 \leq y \leq \pi$ であるから，$0 \leq \sin y$ である．したがって，$\sin y = \sqrt{1 - \cos^2 y} = \sqrt{1 - x^2}$ であって，これを代入して $(\arccos x)' = \dfrac{-1}{\sqrt{1 - x^2}}$ を得る．

（3） $\arctan x = y$ とおくと，$x = \tan y$ であるから，$y' = \dfrac{1}{(\tan y)'} = \dfrac{1}{\frac{1}{\cos^2 y}} = \cos^2 y$ となる．$1 + \tan^2 y = 1 + \dfrac{\sin^2 y}{\cos^2 y} = \dfrac{1}{\cos^2 y}$ に注意すると，$\cos^2 y = \dfrac{1}{\tan^2 y + 1} = \dfrac{1}{x^2 + 1}$ であって，これを代入して $(\arctan x)' = \dfrac{1}{x^2 + 1}$ となる．□

つぶやき

ちょっと積分の話題になるが，$\displaystyle\int_0^{\frac{1}{2}} \dfrac{dx}{\sqrt{1 - x^2}}$ や $\displaystyle\int \dfrac{dx}{x^2 + 1}$ といった積分は，高校や大学入試では置換積分（前者ならば $x = \sin t$，後者ならば $x = \tan t$）を用いて計算した．しかし，$x = \sin t \Longrightarrow t = \arcsin x, x = \tan t \Longrightarrow t = \arctan x$ であるから，じつはこれらの積分は逆三角関数の公式をそのまま使える形であることが分かる．たとえば，

$$\int_0^{\frac{1}{2}} \dfrac{dx}{\sqrt{1 - x^2}} = \Big[\arcsin x \Big]_0^{\frac{1}{2}} = \dfrac{\pi}{6} - 0 = \dfrac{\pi}{6}$$

である．こういう事情ならば高校で学習してもよさそうなものだが，定義域や値域を設定する難しさから除外されているようだ．

命題 3.19 (逆双曲線関数)

（1） $y = \sinh x$ は $-\infty < x < \infty$ で $-\infty < y < \infty$ の値をとり，その逆関数を考えることができる．これを $\operatorname{arcsinh} x$ と書くことにするとき，$\operatorname{arcsinh} x = \log|x + \sqrt{x^2+1}|$ である．

（2） $y = \cosh x$ は $0 \leq x < \infty$ で $1 \leq y < \infty$ の値をとり，その逆関数を考えることができる．これを $\operatorname{arccosh} x$ と書くことにするとき，$\operatorname{arccosh} x = \log|x + \sqrt{x^2-1}|$ である．(ただし $1 \leq x$.)

（3） $y = \tanh x$ は $-\infty < x < \infty$ で $-1 < y < 1$ の値をとり，その逆関数を考えることができる．これを $\operatorname{arctanh} x$ と書くことにするとき，$\operatorname{arctanh} x = \dfrac{1}{2} \log\left(\dfrac{1+x}{1-x}\right)$ である．

証明. （1） $(\sinh x)' = \cosh x > 0$ であることから，関数 $\sinh x$ のグラフは単調増加である．（単調増加については微分の応用の章を参照すること．）
$\displaystyle\lim_{x \to \infty} \frac{e^x - e^{-x}}{2} = \infty, \lim_{x \to -\infty} \frac{e^x - e^{-x}}{2} = -\infty$ であることから，$-\infty < x < \infty$ で $-\infty < y < \infty$ の値をとることが示される．

逆関数については $x = \dfrac{e^y - e^{-y}}{2}$ を y について解けばよい．$Y = e^y$ とおくと $x = \dfrac{1}{2}\left(Y - \dfrac{1}{Y}\right)$ である．($Y = e^y$ のとき $\dfrac{1}{Y} = e^{-y}$ がうっかりしやすいところである.) 以下，

$$Y^2 - 2xY - 1 = 0, \quad Y = x + \sqrt{x^2+1}, \quad y = \log|x + \sqrt{x^2+1}|$$

と求まる．（この計算の途中で複号 $\pm$ から $+$ を選んでいることについては，演習で解決してほしい.） (2) は同様に示せる．

（3） $(\tanh x)' = \dfrac{1}{\cosh^2 x} > 0$ であることから，関数 $\tanh x$ のグラフは単調増加である．（単調増加については微分の応用の章を参照すること．）
$\displaystyle\lim_{x \to \infty} \frac{e^x - e^{-x}}{e^x + e^{-x}} = 1, \lim_{x \to -\infty} \frac{e^x - e^{-x}}{e^x + e^{-x}} = -1$ であることから，$-\infty < x < \infty$ で $-1 < y < 1$ の値をとることが示される．

逆関数については $x = \dfrac{e^y - e^{-y}}{e^y + e^{-y}}$ を y について解けばよい. $Y = e^y$ とおくと $x = \dfrac{Y - \frac{1}{Y}}{Y + \frac{1}{Y}}$ である. 以下, $Y^2 = \dfrac{1+x}{1-x}$, $y = \dfrac{1}{2} \log\left(\dfrac{1+x}{1-x}\right)$.
以上により示された. □

◆章末問題 A ◆

演習問題 3.1 以下の値を求めよ.

（1） $\arcsin \dfrac{\sqrt{3}}{2}$ （2） $\arccos \dfrac{-\sqrt{2}}{2}$ （3） $\arccos(-1)$

（4） $\arctan \dfrac{1}{\sqrt{3}}$ （5） $\operatorname{arcsinh} 1$ （6） $\operatorname{arccosh} 1$

（7） $\operatorname{arcsinh} \dfrac{1}{2}$

演習問題 3.2 以下を示せ.

（1） $\log_a x + \log_a y = \log_a(xy)$ （2） $\log_a x - \log_a y = \log_a\left(\dfrac{x}{y}\right)$

（3） $\log_a x^b = b \log_a x$ （4） $\dfrac{\log_a y}{\log_a x} = \log_x y$

演習問題 3.3 （1） $e = \lim_{x \to 0}(1+x)^{\frac{1}{x}}$ をネイピア数 e の定義としたとき, $(\log x)' = \dfrac{1}{x}$ を示せ.

（2） $(\log x)' = \dfrac{1}{x}$ を用いて $(e^x)' = e^x$ を示せ.

（3） $(e^x)' = e^x$ を用いて $\lim_{x \to 0} \dfrac{e^x - 1}{x} = 1$ を導出せよ.

演習問題 3.4 $r > 1$ のとき $\lim_{x \to \infty} x^{1-r}$ と $\lim_{x \to 0} x^{1-r}$ を求めよ.

演習問題 3.5 a を 1 でない正の定数とすると, $(a^x)' = (\log a)a^x$, $(\log_a x)' = \dfrac{1}{(\log a)x}$ を示せ.

演習問題 3.6 方程式 $2^x + 2 \cdot 2^{-x} = 3$ を解け.

演習問題 3.7 関数 $y = x^2 + 1$ $(0 \leq x)$ について，その値域を求めよ．また，この逆関数を求めよ．

演習問題 3.8 $y = \sqrt{2x+1}$ の逆関数を（定義域・値域を正確に考察して）求めよ．

演習問題 3.9 n を 2 以上の自然数とする．$y = x^n$ $(0 \leq x)$ の逆関数が $y = \sqrt[n]{x}$ であることを利用して，$y = \sqrt[n]{x}$ の微分公式を導け．

演習問題 3.10 以下を示せ．
（1） $\arcsin x + \arccos x = \dfrac{\pi}{2}$ （2） $\arccos x + \arccos(-x) = \pi$

◆章末問題 B ◆

演習問題 3.11 $y = \sinh x$ （ただし x の範囲は実数全体）の逆関数 $\text{arcsinh}\, x = \log|x + \sqrt{x^2+1}|$ を求めるときに平方根の前の複号のうち + のほうだけを選んだが，ここで，$\log|x - \sqrt{x^2+1}|$ を考えるとどうなるか．

演習問題 3.12 以下の関数の微分を計算せよ．
（1） $\log(\sin x)$ （2） $e^x \sqrt{3-x^2}$
（3） e^{x^2} （4） $\dfrac{1}{\sqrt{a^2-1}} \arctan\left(\sqrt{\dfrac{a-1}{a+1}} \tan \dfrac{x}{2}\right)$

演習問題 3.13 以下を示せ．
（1） $(\text{arcsinh}\, x)' = (\log|x + \sqrt{x^2+1}|)' = \dfrac{1}{\sqrt{x^2+1}}$
（2） $(\text{arccosh}\, x)' = (\log|x + \sqrt{x^2-1}|)' = \dfrac{1}{\sqrt{x^2-1}}$
（3） $(\text{arctanh}\, x)' = \left(\dfrac{1}{2} \log\left(\dfrac{1+x}{1-x}\right)\right)' = \dfrac{1}{1-x^2}$

演習問題 3.14 $(\text{arcsinh}\, x)'$ の計算を「逆関数の微分公式」を用いて求めよ．

演習問題 3.15 （1） $(\cos(\arctan x))'$ を求めよ．
（2） $\tan y = x$ とおくことにより，$\cos(\arctan x) = \dfrac{1}{\sqrt{1+x^2}}$ であることを証明して，同じ計算をしてみよ．

演習問題 3.16 (1) x^x (ただし $0<x$)の微分を求めよ.

(2) $x^{\frac{1}{x}}$ (ただし $0<x$)の微分を求めよ.

(3) $x^{\log x}$ (ただし $0<x$)の微分を求めよ.

演習問題 3.17 0 でない実数 a について, $(x^a)' = ax^{a-1}$ を示せ.

◆章末問題 C ◆

演習問題 3.18 m, n が有理数で, $m = \dfrac{p}{q}, n = \dfrac{r}{s}$ (p, r は整数, q, s は自然数) と表されているときに,

$$a^{-m} = \frac{1}{a^m}, \quad a^m \cdot a^n = a^{m+n}, \quad (a^m)^n = a^{mn}$$

が成り立つことを示せ.

演習問題 3.19 m, n が実数で, $m = \lim\limits_{i\to\infty} p_i$, $n = \lim\limits_{i\to\infty} q_i$ ($\{p_i\}, \{q_i\}$ は有理数の無限列)と表されているときに,

$$a^{-m} = \frac{1}{a^m}, \quad a^m \cdot a^n = a^{m+n}, \quad (a^m)^n = a^{mn}$$

が成り立つことを示せ.

演習問題 3.20 関数 $f(x)$ の逆関数を $g(x)$ であるとする. $y = f(x)$ のグラフと, 逆関数 $y = g(x)$ のグラフは, 直線 $y = x$ について対称な図形であることを示せ.

演習問題 3.21 $y = f(x)$ の点 (x_0, y_0) における接線の傾きを m とするとき, 逆関数 $y = g(x)$ の点 (y_0, x_0) における接線の傾きは $1/m$ である. このことを (1) 逆関数の微分の公式と, (2) 逆関数のグラフの形の 2 つの方法から考察せよ.

演習問題 3.22 次の答案がなぜ誤りであるかを正しく説明せよ.

(誤答案)対数関数 $y = \log x$ の逆関数は指数関数 $y = e^x$ である. したがって,

$$(\log x)' = \frac{1}{e^x}$$

である.

第 4 章

微分の応用

4.1 ロピタルの定理

　高等学校で学習した関数の極限の計算とは「代入できる形へ変形した後に代入する」ということが基本だった．それでも計算できない場合とは何かを考えてみよう．そのまま代入したら $\frac{0}{0}$ や $\frac{\infty}{\infty}$ といった場合には，関数の収束をそのまま計算することはできないことがありうる．よくよく考えると，0^0 や $0 \times \infty$ などという形もありうる．これら「変形・代入だけでは値が想像もつかない形」について，ある条件を満たせばその収束の極限が計算できる公式があるので紹介しよう．

定理 4.1 (ロピタルの定理その 1)

　2 つの関数 $f(x), g(x)$ があり，次の 2 条件を満たすとする．
(1) $\lim_{x \to a} f(x) = 0, \lim_{x \to a} g(x) = 0.$
(2) $\lim_{x \to a} \dfrac{f'(x)}{g'(x)}$ は収束する．

このとき，
$$\lim_{x \to a} \frac{f(x)}{g(x)} = \lim_{x \to a} \frac{f'(x)}{g'(x)}$$

が成り立つ．

つぶやき

この定理はロピタルによる匿名の著書によって初めて紹介されたが，これを発見したのはヨハン・ベルヌーイであるといわれている．ロピタルはこの公式を使用する権利をベルヌーイから買いとって公開した．現在でもロピタルの定理として広く知られているのは皮肉である．

この公式が成り立つ厳密な証明はここでは省略するが，証明の概略を説明しよう．微分係数とはグラフの接線の傾きであった．つまり，$y = f(x)$ という関数のグラフの接線は $y = f'(a)(x-a) + f(a)$ であった．点 $(a, f(a))$ の近くでは関数のグラフと接線とはほぼ等しいと考えられるので，

$$f(x) \sim f'(a)(x-a) + f(a)$$

と考えられる．ここで $\sim$ は近いことを意味する記号である．この式を「関数の 1 次近似」という．右辺が x に関する 1 次式だからそのようによばれるのである．いま，$\lim_{x \to a} f(x) = 0$ の場合を考察するのであるが，より簡単に $f(a) = 0$ であると仮定してみよう．1 次近似式は $f(x) \sim f'(a)(x-a)$ である．同じように $\lim_{x \to a} g(x) = 0$ となるようなもうひとつの関数 $g(x)$ を考えるのであるが，これも簡単のために $g(a) = 0$ であるとしておけば，1 次近似式より $g(x) \sim g'(a)(x-a)$ である．以上より

$$\frac{f(x)}{g(x)} \sim \frac{f'(a)(x-a)}{g'(a)(x-a)} = \frac{f'(a)}{g'(a)}$$

であることが分かる．この式は x と a とがごく近い場合の近似式であるから，$\lim_{x \to a}$ で考えれば $\dfrac{f(x)}{g(x)}$ と $\dfrac{f'(a)}{g'(a)}$ とはごく近いと考えられる．

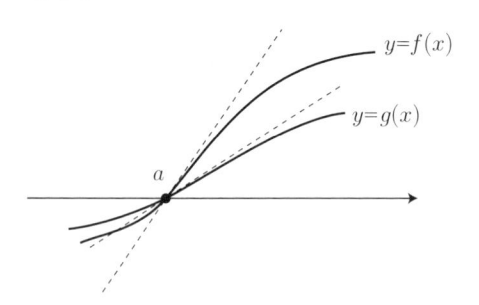

このことを近似式ではなく平均値の定理 (4.11) を用いて正しく評価して厳密に極限を求めればロピタルの定理を得ることができる．

実例を見てみよう．

例 4.2 $\displaystyle\lim_{x \to 0} \frac{\log(1+x)}{x}$ を求めよう．$f(x) = \log(1+x)$ として，$g(x) = x$ と

する.
$$\lim_{x \to 0} f(x) = \lim_{x \to 0} \log(1+x) = \log(1+0) = 0,$$
$$\lim_{x \to 0} g(x) = \lim_{x \to 0} x = 0$$

より，ロピタルの定理の条件 (1) は満たされる．次は条件 (2) を調べてみよう．

$$\lim_{x \to 0} \frac{f'(x)}{g'(x)} = \lim_{x \to 0} \frac{(\log(1+x))'}{x'} = \lim_{x \to 0} \frac{\frac{1}{1+x}}{1} = \frac{\frac{1}{1+0}}{1} = 1$$

したがって，ロピタルの定理を適用して $\lim_{x \to 0} \frac{\log(1+x)}{x} = 1$ が得られる．

分数の形の極限で $\frac{0}{0}$ になってしまうときには，分子を $f(x)$，分母を $g(x)$ とおいて，分母分子をそれぞれ微分してみてそれぞれ極限をとればいいという定理である．ただし，それぞれ極限をとってもやはり $\frac{0}{0}$ だったり，収束しなかったりすることはありうる．1 回微分してもまだ $\frac{0}{0}$ であるときには，もう一度ロピタルの定理を適用できる可能性があるので，分母分子をもう一度ずつ微分してみるとよいだろう．$f'(x)/g'(x)$ が収束しないときには，ロピタルの定理は適用できないので，何も結論づけることはできない．

例 4.3 $\lim_{x \to 0} \frac{\sin x - x}{x^3}$ を求めよう．

$f(x) = \sin x - x, g(x) = x^3$ とすると，$f(0) = g(0) = 0$ なので，ロピタルの定理の条件 (1) は満たされる．条件 (2) を調べるために分母分子を微分する．$f'(x) = \cos x - 1, g'(x) = 3x^2$ なので，

$$\frac{f'(x)}{g'(x)} = \frac{(\sin x - x)'}{(x^3)'} = \frac{\cos x - 1}{3x^2}$$

となる．この式自身は $\frac{0}{0}$ の形であるが，系 1.22 により $\lim_{x \to 0} \frac{1 - \cos x}{x^2} = \frac{1}{2}$ であることが分かっているから，これを代入すると，

$$\lim_{x \to 0} \frac{f'(x)}{g'(x)} = \lim_{x \to 0} \frac{\cos x - 1}{3x^2} = \frac{-1}{3} \lim_{x \to 0} \frac{1 - \cos x}{x^2} = \frac{-1}{6}$$

と求まる．

ロピタルの定理のもう 1 つの代表的な形を紹介しよう．

命題 4.4 (ロピタルの定理その 2)

a を実数の定数とする．2 つの関数 $f(x), g(x)$ があり，次の 2 条件を満たすとする．

(1) $\lim_{x \to a} f(x) = \infty, \lim_{x \to a} g(x) = \infty$ である．

(2) $\lim_{x \to a} \dfrac{f'(x)}{g'(x)}$ は収束する．

このとき，
$$\lim_{x \to a} \frac{f(x)}{g(x)} = \lim_{x \to a} \frac{f'(x)}{g'(x)}$$
が成り立つ．

この公式が成り立つ理由は，ロピタルの定理その 1 の場合とはまったく異なるがその証明は省略する．

例 4.5 $k = 1, 2, 3, \cdots$ に対して $\lim_{x \to \infty} \dfrac{x^k}{e^x} = 0$ であることを確かめよう．

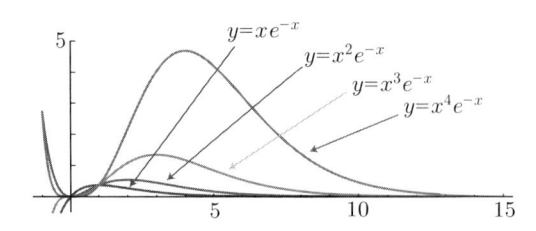

k に関する数学的帰納法を用いる．$k = 1$ のときは $f(x) = x, g(x) = e^x$．$\lim_{x \to \infty} f(x) = \infty$ であり，かつ $\lim_{x \to \infty} g(x) = \infty$ なのでロピタルの定理の条件 (1) を満たす．

$$\lim_{x \to \infty} \frac{f'(x)}{g'(x)} = \lim_{x \to \infty} \frac{(x)'}{(e^x)'} = \lim_{x \to \infty} \frac{1}{e^x} = 0$$

となるので，ロピタルの定理より

$$\lim_{x \to \infty} \frac{x}{e^x} = \lim_{x \to \infty} \frac{(x)'}{(e^x)'} = \lim_{x \to a} \frac{1}{e^x} = 0$$

である．次に，自然数 k について $\lim_{x \to \infty} \dfrac{x^k}{e^x} = 0$ であることが正しいと仮定しよう．このとき，$f(x) = x^{k+1}, g(x) = e^x$ とすると，$\lim_{x \to \infty} f(x) = \infty$ であり，かつ $\lim_{x \to \infty} g(x) = \infty$ なので，

$$\lim_{x \to \infty} \frac{f'(x)}{g'(x)} = \lim_{x \to \infty} \frac{(x^{k+1})'}{(e^x)'} = \lim_{x \to \infty} \frac{(k+1)x^k}{e^x} = 0$$

であって，ロピタルの定理を適用して $\lim_{x \to \infty} \dfrac{x^{k+1}}{e^x} = 0$ とわかる．数学的帰納法より，任意の自然数 $k = 1, 2, 3, \cdots$ について $\lim_{x \to \infty} \dfrac{x^k}{e^x} = 0$ が正しい．

応用編として，0^0 の形の極限を考えてみよう．この場合，$\log(x^x) = x \log x = \dfrac{\log x}{\frac{1}{x}}$ として $\dfrac{-\infty}{\infty}$ の形に持ち込むのがコツである．

例 4.6 $\lim_{x \to +0} x^x$ を求めよう．対数をとった式 $\log(x^x) = x \log x$ を考察する．これを変形して $\log(x^x) = x \log x = \dfrac{\log x}{\frac{1}{x}}$ とする．ここでロピタルの定理を適用して，

$$\lim_{x \to +0} \log(x^x) = \lim_{x \to +0} \frac{\log x}{\frac{1}{x}} = \lim_{x \to +0} \frac{(\log x)'}{\left(\frac{1}{x}\right)'} = \lim_{x \to +0} \frac{\frac{1}{x}}{-\frac{1}{x^2}} = \lim_{x \to +0} -x = 0$$

対数をとった極限が 0 であることから，（対数関数の連続性より）$\lim_{x \to +0} x^x = 1$ である．

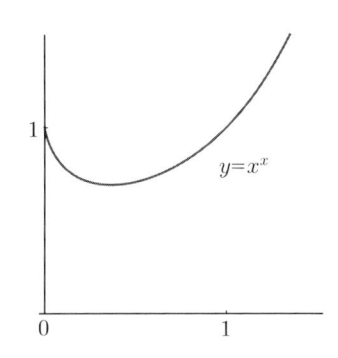

4.2 関数のグラフ

関数のグラフの概形を描く作業は，大学数学にいたっても重要である．もちろんコンピュータ (特に数式処理ソフトウエア) があれば，簡単に関数のグラフを描くことができる．しかし，極大点 (極小点)，極大値 (極小値) などがグラフに入るように描く配慮などを考えると，やはり手書きの概形のほうが全体的な理解に役立つこともあるだろう．

高等学校で学習したグラフの概形 (増減表) では無限の扱いが今ひとつ曖昧だった．関数の収束，発散を学んだ今は無限範囲の扱いや無限発散の扱いが明確になっている．その辺りをふまえながら実例を見ていこう．まずはグラフの増減に関する用語を再確認しよう．

定義 4.7 (**単調増加** (monotonically increasing)，**単調減少** (monotonically decreasing)) （1）ある区間 (a,b) で定義されている関数 $f(x)$ が**単調増加**であるとは，任意の $a < x_1 < x_2 < b$ に対して $f(x_1) \leq f(x_2)$ となることとする．

（2）ある区間 (a,b) で定義されている関数 $f(x)$ が**単調減少**であるとは，任意の $a < x_1 < x_2 < b$ に対して $f(x_1) \geq f(x_2)$ となることとする．

定義 4.8 (**上に凸** (convex upward)，**下に凸** (convex downward))

（1）ある区間 (a,b) で定義されている関数 $f(x)$ が**下に凸**または**凸関数** (convex function) であるとは，任意の $a < x_1 < x_2 < b$ と任意の $0 < t < 1$ に対して $f((1-t)x_1 + tx_2) \leq (1-t)f(x_1) + tf(x_2)$ となることとする．

（2）ある区間 (a,b) で定義されている関数 $f(x)$ が**上に凸**または**凹関数** (concave function) であるとは，任意の $a < x_1 < x_2 < b$ と任意の $0 < t < 1$ に対して $f((1-t)x_1 + tx_2) \geq (1-t)f(x_1) + tf(x_2)$ となることとする．

（3）ある値 a を境に，上に凸から下に凸へと変わる (またはその逆になる) とき，この a を**変曲点** (inflection point) という．

たとえば下に凸を表す式 $f((1-t)x_1 + tx_2) \leq (1-t)f(x_1) + tf(x_2)$ の意味は，下の図によるものである．下に膨らんでるのが下に凸という理解で十分である．

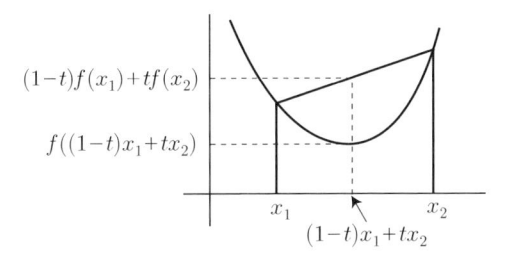

命題 4.9 (導関数と増減)

以下，(1)(2) においては $f'(x)$ が求まるものと仮定する．

(1) ある区間 (a,b) で定義されている関数 $f(x)$ が $f'(x) > 0$ を満たすならば，その区間で $f(x)$ は単調増加である．

(2) ある区間 (a,b) で定義されている関数 $f(x)$ が $f'(x) < 0$ を満たすならば，その区間で $f(x)$ は単調減少である．

証明． (1) $a < x_1 < x_2 < b$ に対して，

$$f(x_2) - f(x_1) = \int_{x_1}^{x_2} f'(x)dx$$

であるが，積分の中の式（被積分関数）が $f'(x) > 0$ であることと $x_1 < x_2$ であることから，この式の右辺は正である．(このことの理由は第 6 章「定積分の単調性（命題 6.6）」による．) したがって，$f(x_1) < f(x_2)$ であり，単調増加であることが示される．(2) の証明も同じようにできる． □

注意 4.10 積分とはなにか，関数が積分可能とはどういうことか，この証明ではそういった大事なことを無視して議論を進めている．そういう意味では厳密さからいうと手落ちなのであるが，高校数学の直感的な意味で積分を知っていると思えば，この証明は簡明でよいというのが個人的意見である．

つぶやき

「ビブンのことはビブンでせよ」という警句は高木貞治先生の言といわれている（数学セミナー 2004 年 1, 2 月号の梅田亨さんの記事を参照のこと）が，これは矢野健太郎先生の著書からの引用で，高木先生自身は微分の定理といえども微

分積分を縦横に使うのがよろしいとおっしゃっておられる．どの定理のことをさして言ったものかも諸説（原始関数の存在定理，項別積分の定理など）あるようだ．もっともこの駄洒落は，微分の定理の証明に積分を使うのは美的センスから言っていかがなものか，というふうに著者は受け取っている．そういう意味では上の証明と，続く平均値の定理の証明は「美しくない」といわざるを得ない．これら微分の定理を微分だけで証明することは可能である．意欲のある読者はぜひ挑戦してみてもらいたい．）

用語だけを定義なしにただ並べて済ますことにするが，「有界閉集合上の連続関数には最大値が存在する」⟶「ロルの定理」⟶「平均値の定理」⟶「微分が正ならば増加関数」が得られる．このようなルートであれば積分を使わずに証明できる．（そのような教科書のほうが普通である．）

この系として平均値の定理を証明することができる．

系 4.11（平均値の定理 (mean-value theorem)）

（1） 区間 $[a,b]$ で定義されている関数 $f(x)$ に導関数があって，$f'(x)$ が連続関数のとき，ある c （ただし $a < c < b$）が存在して，$f'(c) = \dfrac{f(b)-f(a)}{b-a}$ である．（平均値の定理）

（2） 区間 $[a,b]$ で定義されている関数 $f(x)$ に導関数があって，$f'(x)$ が連続関数で，$f(a) = f(b)$ のとき，ある c （ただし $a < c < b$）が存在して，$f'(c) = 0$ である．（ロルの定理）

証明．（1） 背理法を用いる．もし $f'(c) = \dfrac{f(b)-f(a)}{b-a}$ を満たす c が区間 $[a,b]$ 内になかったと仮定すると，導関数 $f'(x)$ が連続であることから，

$$f'(x) > \frac{f(b)-f(a)}{b-a} \quad \text{または} \quad f'(x) < \frac{f(b)-f(a)}{b-a}$$

が絶えず成り立つ．$f'(x) > \dfrac{f(b)-f(a)}{b-a}$ とすると，

$$f(b) - f(a) = \int_a^b f'(x)dx$$

$$> \int_a^b \frac{f(b)-f(a)}{b-a} dx = \left[\frac{f(b)-f(a)}{b-a}x\right]_a^b = f(b) - f(a)$$

となり矛盾．不等号の向きが逆でも同じことである．(2) は (1) よりただちに導かれる． □

注意 4.12 平均値の定理では，肝心の c が実際にどういう値をとるかはまったく分からない．そのような c が少なくとも存在するということを保証しているだけである．なお，平均値の定理を $f(a) = f(b)$ という特別な状況で考えたものがロルの定理である．

次に，$f(x)$ を 2 回微分したもの（これを 2 階導関数という）$f''(x)$ とグラフの凹凸についての定理をまとめておく．

命題 4.13 (2 階導関数と凹凸)

以下，(1)(2) においては $f''(x)$ が求まるものと仮定する．

(1) ある区間 (a,b) で定義されている関数 $f(x)$ が $f''(x) > 0$ を満たすならば，その区間で $f(x)$ は下に凸である．

(2) ある区間 (a,b) で定義されている関数 $f(x)$ が $f''(x) < 0$ を満たすならば，その区間で $f(x)$ は上に凸である．

証明．(1) $f''(x) > 0$ であるならば，$f'(x)$ は区間 $[a,b]$ 上で単調増加関数であることに注意しておこう．ここで，$a < x_1 < x_2 < b$ と任意の $0 < t < 1$ に対して，$x_0 = (1-t)x_1 + tx_2$ とおく．平均値の定理により，$x_1 < c_1 < x_0 < c_2 < x_2$ となる c_1, c_2 で，

$$f'(c_1) = \frac{f(x_0) - f(x_1)}{x_0 - x_1}, \quad f'(c_2) = \frac{f(x_2) - f(x_0)}{x_2 - x_0}$$

を満たすものが存在する．ここで $c_1 < c_2$ より $f'(c_1) < f'(c_2)$ であるので，

$$\frac{f(x_0) - f(x_1)}{x_0 - x_1} < \frac{f(x_2) - f(x_0)}{x_2 - x_0}$$

$$\frac{f(x_0) - f(x_1)}{(1-t)x_1 + tx_2 - x_1} < \frac{f(x_2) - f(x_0)}{x_2 - ((1-t)x_1 + tx_2)}$$

$$\frac{f(x_0) - f(x_1)}{t(x_2 - x_1)} < \frac{f(x_2) - f(x_0)}{(1-t)(x_2 - x_1)}$$

$$(1-t)(f(x_0) - f(x_1)) < t(f(x_2) - f(x_0))$$

$$f(x_0) < (1-t)f(x_1) + tf(x_2)$$

以上より下に凸であることが示された. □

つぶやき

$f''(x) > 0$ ならば下に凸であることを高校の教科書では「接線の傾きが増加になるということは下に膨らんだ形になる」と説明していた．上の証明における最後の式変形を思いつくのは難しいと感じるかもしれない.

$$(AB の傾き) < (BC の傾き)$$

は

$$\frac{f(x_0) - f(x_1)}{x_0 - x_1} < \frac{f(x_2) - f(x_0)}{x_2 - x_0}$$

と同じことであり，この式を変形すると

$$f(x_0) < (1-t)f(x_1) + tf(x_2) \iff 下に凸$$

が導ける．式変形自体は難しいが,

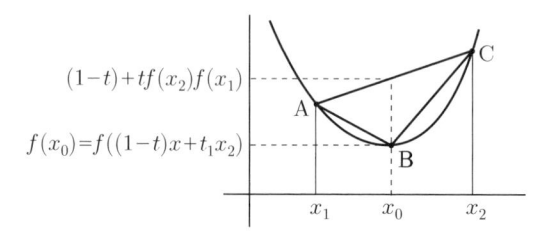

という図では「(AB の傾き)<(BC の傾き)⟺ 下に凸」は示せているので，式変形できてもよさそうだ，と感じることが大切である.

例 4.14 $f(x) = x^2 e^x$ のグラフの増減と凹凸を調べよう．まずは 1 階導関数を計算して，単調増加・単調減少になる区間を調べる．$f'(x) = (x^2 e^x)' = 2xe^x + x^2 e^x = (2x + x^2)e^x$ だから，$e^x > 0$ に注意すると

$$\begin{cases} f'(x) > 0 & (x < -2, 0 < x) \\ f'(x) < 0 & (-2 < x < 0) \end{cases}$$

となって,
となる．次に 2 階導関数を求めて，凸の具合を調べてみよう.

$$f''(x) = ((2x + x^2)e^x)' = (2 + 2x)e^x + (2x + x^2)e^x = (2 + 4x + x^2)e^x$$

x	$-\infty$		-2		0		∞
$f'(x)$		$+$		$-$		$+$	
$f(x)$		増		減		増	

であり，

$$\begin{cases} 上に凸 & (-2-\sqrt{2} < x < -2+\sqrt{2}) \\ 下に凸 & (x < -2-\sqrt{2}, -2+\sqrt{2} < x) \end{cases}$$

となる．2つの変曲点(の x 座標)を $\alpha = -2-\sqrt{2}, \beta = -2+\sqrt{2}$ とすると，増減表は

x	$-\infty$		α		-2		β		-1		∞
$f''(x)$		$+$	0	$-$	$-$	$-$	0	$+$	$+$	$+$	
$f'(x)$		$+$	$+$	$+$	0	$-$	$-$	$-$	0	$+$	
$f(x)$	0	↗	↗		↘		↘		↗		$+\infty$

となる．ここで，無限大におけるグラフの振る舞いについても調べる必要がある．まず $x \to \infty$ についてであるが，$\lim_{x \to \infty} x^2 = \infty, \lim_{x \to \infty} e^x = \infty$ なので，その積をとって $\lim_{x \to \infty} x^2 e^x = \infty$ である．次に $x \to \infty$ であるが，これは $t = -x$ とおくと考えやすい．$x^2 e^x = t^2 e^{-t}$ であり，$\lim_{t \to \infty} \dfrac{t^2}{e^t} = 0$ であることから，$\lim_{x \to -\infty} x^2 e^x = 0$ である．以上より，したがってグラフの概形は下のようになる．

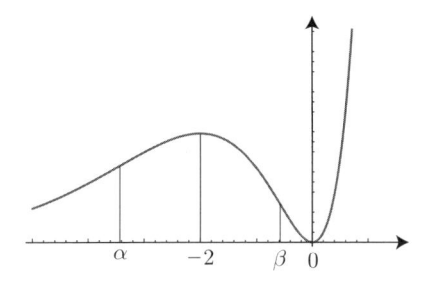

例 4.15 $y = \arcsin x$ のグラフの概形を描いてみよう．もちろん，$y = \sin x$ の逆関数であるから，$\sin x$ のグラフを描いて，それを $y = x$ に関して対称移動すれば得られるのではあるが，ここではわざわざ増減・凹凸を調べて増減表を作る

作業を通してその概形を見直してみよう．まず $y = \arcsin x$ の x の範囲は $-1 \leq x \leq 1$ であり，y の範囲は $-\frac{\pi}{2} \leq y \leq \frac{\pi}{2}$ である．微分は $y' = \dfrac{1}{\sqrt{1-x^2}}$ であり，2 階微分は

$$y'' = \left((1-x^2)^{-\frac{1}{2}}\right)' = -\frac{1}{2}(1-x^2)^{-\frac{3}{2}} \cdot (-2x) = \frac{x}{(1-x^2)^{\frac{3}{2}}}$$

である．以上から任意の $-1 \leq x \leq 1$ となる x に対して，$y' > 0$ であり，

$$\begin{cases} y'' > 0 & (0 < x) \\ y'' < 0 & (x < 0) \end{cases}$$

であることが示される．また定義域の両端においては，

$$\lim_{x \to 1-0} \arcsin x = \frac{\pi}{2}, \quad \lim_{x \to 1-0} y' = \infty$$
$$\lim_{x \to -1+0} \arcsin x = -\frac{\pi}{2}, \quad \lim_{x \to -1+0} y' = \infty$$

であることが分かるので，増減表は

x	-1		0		1
y''		$-$	0	$+$	
y'	∞	$+$	$+$	$+$	∞
y	$-\frac{\pi}{2}$	⤴	0	⤴	$\frac{\pi}{2}$

であり，概形は

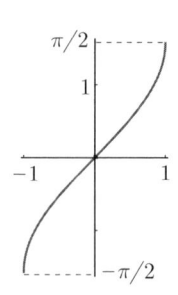

となる．

4.3　パラメータ曲線の微分

t を変数とする関数 $f(t), g(t)$ があって，平面上の点 P が座標 $(f(t), g(t))$ で与えられるとしよう．このときに，微分がどのような意味をもつかを考えてみよう．

まず，$f(t), g(t)$ が連続関数であるとして，時刻 t に点 P が座標 $(f(t), g(t))$ にいる (図) 状況を考えると，これは平面上の点 P の運動を表していると考えられる．このようにして考えた t を時刻パラメータとよぶ．時刻パラメータ t がある時刻の範囲にあるときの点 P がいる点の集合を軌跡という．

例 4.16 $f(t) = t - \sin t, g(t) = 1 - \cos t \ (0 \leq t \leq 2\pi)$ とすると，点 $P(t + \sin t, 1 - \cos t)$ の軌跡は図のようになる．

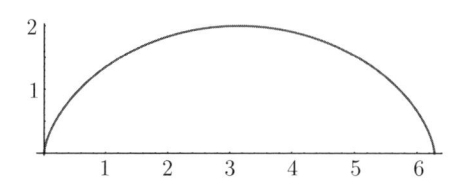

この軌跡はサイクロイド (cycloid) とよばれる曲線である．

点 P を時刻 t に従った運動とみなすと，その速度ベクトル $\boldsymbol{v}(t)$，加速度ベクトル $\boldsymbol{a}(t)$ を定義することができる．$f(t), g(t)$ が微分可能である (導関数をもち，かつ導関数が連続関数である) とする．その速度ベクトル (velocity vector) を $\boldsymbol{v}(t) = (f'(t), g'(t))$ で定義する．

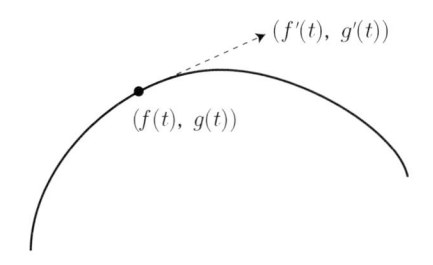

また $f(t), g(t)$ が 2 階微分可能である (導関数が再び微分可能である) とするとき，その加速度ベクトル (acceleration vector) を $\boldsymbol{a}(t) = (f''(t), g''(t))$ によって定義する．

サイクロイドのように，その軌跡が関数のグラフのような形をしているものについて，その微分を計算することができる．

命題 4.17

点 $P(x,y) = (f(t), g(t))$ で決まる軌跡について，$f'(t) \neq 0$ であるならば，
$$\frac{dy}{dx} = \frac{g'(t)}{f'(t)}$$
である．

証明． $f'(t) \neq 0$ であるならば，$f'(t) > 0$ または $f'(t) < 0$ であるとしてよい．したがって f は単調増加または単調減少であって，逆関数が存在する．$x = f(t)$ の逆関数を $t = h(x)$ とすると，逆関数の微分公式より，
$$h'(x) = \frac{dt}{dx} = \frac{1}{f'(t)}$$
である．一方で，$y = g(t) = g(h(x))$ を合成関数の微分公式により微分すると
$$\frac{dy}{dx} = g'(h(x)) \cdot h'(x) = g'(t) \cdot \frac{1}{f'(t)} = \frac{g'(t)}{f'(t)}$$
が得られる． □

例 4.18 サイクロイド $f(t) = t - \sin t, g(t) = 1 - \cos t$ $(0 \leq t \leq 2\pi)$ の例においては，$f'(t) = 1 - \cos t, g'(t) = \sin t$ である．したがって，$t = 0, t = 2\pi$ においては $f'(t) = 0$ となってしまうが，$0 < t < 2\pi$ ならば $f'(t) \neq 0$ であって，
$$\frac{dy}{dx} = \frac{g'(t)}{f'(t)} = \frac{\sin t}{1 - \cos t}$$
である．

この例の場合，$x = f(t)$ の逆関数 $t = h(x)$ を具体的に書き下すことはできないので，上の計算を x による式に書き改めることは難しい．ただし，$\dfrac{dy}{dx}$ を計算できるので，増減表を書くことができる．(実際に増減表を書く作業は読者への宿

題とする．）また，$\lim_{t \to +0} \dfrac{dy}{dx} = +\infty$, $\lim_{t \to 2\pi-0} \dfrac{dy}{dx} = -\infty$ であることも容易に証明できる．

4.4 極座標曲線の微分

極座標というのは，平面上の点を「原点からの距離＝絶対値」と「原点から見た方角＝偏角」との 2 つのパラメータで表現したもののことである．習慣として絶対値は r，偏角は θ を用いて，点を (r, θ) で表す．ただし $0 \leq r$ であることを注意しよう．(θ は $0 \leq \theta < 2\pi$ の範囲で選ぶことが多いが，それ以外の範囲の θ についても平面上の点を考えることは可能であり，特に排除するものではない．)

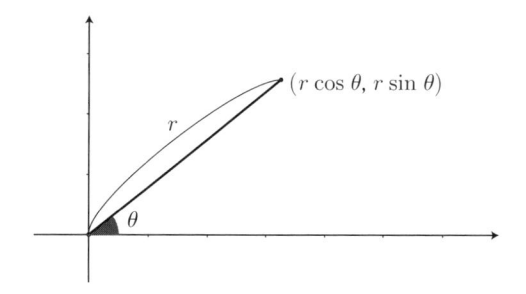

したがって，xy 座標成分で考えると

$$\text{極座標 } (r, \theta) \longleftrightarrow xy \text{ 座標 } (r \cos \theta, r \sin \theta)$$

という対応があることが分かる．

平面曲線を極座標で表すこともできる．一般的には「r を θ の式で表す」のが普通である．つまり，θ に関する関数 $f(\theta)$ が与えられて，$r = f(\theta)$ の形で曲線を表現する．このように表された平面曲線を xy 座標で表示すると，$(f(\theta) \cos \theta, f(\theta) \sin \theta)$ となる．

極座標表示された平面曲線 $r = f(\theta)$ の速度ベクトル，加速度ベクトルはそれぞれ，

$((f(\theta) \cos \theta)', (f(\theta) \sin \theta)')$

$= f'(\theta) \cos \theta - f(\theta) \sin \theta, f'(\theta) \sin \theta + f(\theta) \cos \theta$

$((f(\theta) \cos \theta)'', (f(\theta) \sin \theta)'')$

$$= (f''(\theta) - f(\theta))\cos\theta - 2f'(\theta)\sin\theta, (f''(\theta) - f(\theta))\sin\theta + 2f'(\theta)\cos\theta$$

であることが確かめられる．

例 4.19 (対数らせん (logarithmic spiral)) $r = ae^{b\theta}$ （a は正の実数，b は任意の実数）で与えられる平面曲線を対数らせん（螺旋）という．対数らせんの速度ベクトル $\boldsymbol{v}(\theta)$ は

$$\boldsymbol{v}(\theta) = (ae^{b\theta}(b\cos\theta - \sin\theta), ae^{b\theta}(b\sin\theta + \cos\theta))$$

である．

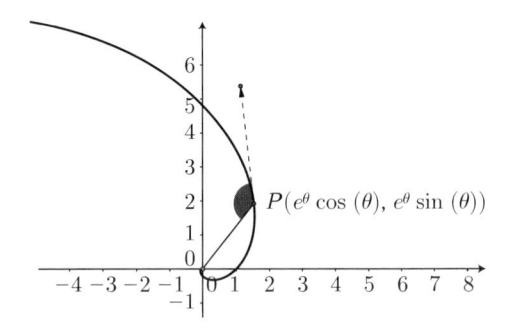

対数らせんの著しい特徴のひとつは，点 $P(ae^{b\theta}\cos\theta, ae^{b\theta}\sin\theta)$ における速度ベクトル $\boldsymbol{v}(\theta)$ とベクトル $\boldsymbol{p}(\theta) = \overrightarrow{OP}$ とのなす角が一定であることである．実際に，そのなす角を φ とすると，

$$\cos\varphi = \frac{(\boldsymbol{v}, \boldsymbol{p})}{||\boldsymbol{v}|| \cdot ||\boldsymbol{p}||}$$

$$= \frac{ae^{b\theta}(b\cos\theta - \sin\theta) \cdot ae^{b\theta}\cos\theta + ae^{b\theta}(b\sin\theta + \cos\theta) \cdot ae^{b\theta}\sin\theta}{ae^{b\theta} \cdot ae^{b\theta}\sqrt{(b\cos\theta - \sin\theta)^2 + (b\sin\theta + \cos\theta)^2}}$$

$$= \frac{b}{\sqrt{b^2 + 1}}$$

となり，φ が θ によらず一定であることが分かる．

◆ **章末問題 A** ◆

演習問題 4.1　（1）　a を定数とし，$y = \dfrac{a^3}{x^2 + a^2}$ の導関数，2 階導関数を求めて，増減表を作り，グラフの概形を描け．

（2） a を実数の範囲で動かすとき，$y = \dfrac{a^3}{x^2 + a^2}$ のグラフ (たち) は互いに交わらず，かつ平面を埋め尽くすことを示せ．

（3） この曲線を極座標表示せよ．

> **つぶやき**
>
> この曲線は「アグネシの魔女 (witch of Agnesi)」とよばれる曲線で 1748 年に女性数学者アグネシの著作で紹介されたことからこの名前がついている．(魔女という名前がついた経緯については，Guido Grandi がラテン語の vertere（または versore ではないかという意見もある）からイタリア語の versiera という単語を使い，アグネシもそれに従ったが，versiera という単語には魔女の意味もあったため，後世になって英語の witch に訳されたということだ．)

演習問題 4.2 （1） 関数 $y = \sqrt{3x+2}$ の定義域と値域を決め，その増減表を書け．

（2） 関数 $y = \sqrt{3x+2}$ のグラフと $y = x+1$ のグラフを重ねて書き，方程式 $\sqrt{3x+2} = x+1$ の実数解を求めよ．

演習問題 4.3 （1） 関数 $y = \dfrac{2x+3}{x-1}$ の増減表とグラフを描け．

（2） このグラフは $y = \dfrac{1}{x}$ をどのように平行移動したものか．

◆章末問題 B ◆

演習問題 4.4 （1） $\displaystyle\lim_{x \to 0} \dfrac{\log(1+x) - x}{3x^2}$ を求めよ．

（2） $\displaystyle\lim_{x \to 0} \dfrac{\log(\cos x)}{\sin^2 x}$ を求めよ．

演習問題 4.5 $y = \arcsin x$, $y = \arccos x$, $y = \arctan x$ の導関数，2 階導関数を計算し，増減表を描いてグラフの概形を描け．

演習問題 4.6 $y = \sinh x$, $y = \cosh x$, $y = \tanh x$ の導関数，2 階導関数を計算し，増減表を描いてグラフの概形を描け．

演習問題 4.7 $f(x) = e^{-x^2}$ の 1 階導関数，2 階導関数を求め，$y = f(x)$ のグラフの概形を描け．

演習問題 **4.8** $y = x^x$, $(0 < x)$ の導関数，2 階導関数を計算し，増減表を描いてグラフの概形を描け．

演習問題 **4.9** 0 を含む区間で C^1 級（微分可能，かつ導関数が連続）であるような関数 $f(x)$ が $f(0) = 1$ をみたすならば，
$$\lim_{x \to 0}(f(x))^{\frac{1}{x}} = e^{f'(0)}$$
であることを示せ．

演習問題 **4.10** 次の不等式を示せ．ただし $x > 0$ とする．

(1) $x - \dfrac{x^2}{2} < \log(1+x) < x$

(2) $x - \dfrac{x^3}{3} < \arctan x$

演習問題 **4.11** a, b を実数の定数とする．このとき，$\displaystyle\lim_{h \to +0} h \log\left(e^{\frac{a}{h}} + e^{\frac{b}{h}}\right)$ を a, b で表せ．

◆章末問題 C ◆

演習問題 **4.12** 点 P がグラフ $y = x^2$ の上を等速に運動しているとする．すなわち，$(f(t), g(t))$ はいつでも $y = x^2$ の上にあり，$(f'(t), g'(t))$ のベクトルの長さは絶えず一定であるとする．このとき，加速度ベクトルが最大になるのはどの地点か．またそのときの加速度ベクトルの大きさを求めよ．

演習問題 **4.13** 点 P がグラフ $y = \sin x$ の上を等速に運動しているとする．すなわち，$(f(t), g(t))$ はいつでも $y = \sin x$ の上にあり，$(f'(t), g'(t))$ のベクトルの長さは絶えず一定であるとする．このとき，加速度ベクトルが最大になるのはどの地点か．またそのときの加速度ベクトルの大きさを求めよ．

演習問題 **4.14** 長方形の形をしたものを直角に曲がった廊下に通せるためには廊下の幅はどれくらい必要であるかを考察しよう．図において，長方形の辺の長さを $AB = CD = a$, $BC = AD = b$ とする．(ただし $a < b$) 点 A は直線 $x = -c$（ただし $c > a$）上にあるものとし，辺 BC は原点 O を通るものとする．このときの点 D の軌跡の式を求めよ．また，この関数の最大値を求めよ．

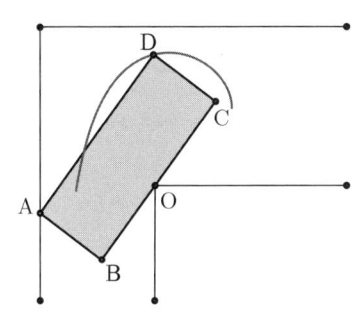

演習問題 4.15 PQR をルーローの三角形 (Reuleaux triangle) とする．すなわち，P,Q,R は正三角形の頂点であり，弧 PQ は中心 R の円弧であり，弧 QR は中心 P の円弧であり，弧 PR は中心 Q の円弧である．ルーローの三角形はいかなる向きにおいても 1 辺の長さが PQ と等しい正方形に内接することが知られている．今，AB = PQ = $2a$ として，正方形を固定したままルーローの三角形を一周させることを考えよう．そのとき，三角形 PQR の重心の軌跡を求めよ．そして，これが尖った部分のない曲線であることを示せ．(正方形の中心を原点として，重心が第 1 象限にある場合を計算するとよい．ここに 2 次曲線が現れるが，それが楕円であることも確認せよ．)

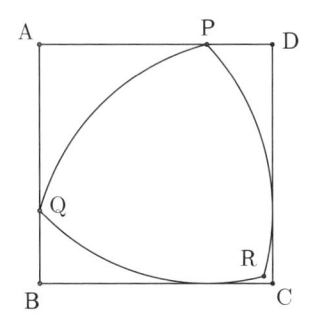

第 5 章

積分の基本

5.1 基本積分公式

この章では，高校で学習した積分の基本公式を復習しながら，初等関数に関係する積分公式を紹介していく．

定義 5.1 (原始関数 (primitive function)) 関数 $F(x)$ の微分 (導関数) が $f(x)$ のとき，すなわち $F'(x) = f(x)$ のとき，$F(x)$ は $f(x)$ の**原始関数**であるという．

例 5.2 $f(x) = 3x^2$ に対して，$F(x) = x^3 + 3$ は $F'(x) = (x^3 + 3)' = 3x^2$ を満たす．したがって，$x^3 + 3$ は $3x^2$ の原始関数である．$f(x)$ が連続関数であるならば原始関数が存在することが数学の定理として知られている．(この教科書でその証明は行わない．興味ある読者は桂田祐史・佐藤篤之著『力のつく微分積分』6.10 節を参照するとよい．) しかし原始関数が存在することと原始関数を式で表すこととは別問題で，与えられた関数の式の原始関数をわれわれのよく知っている式で表せるかどうかという問題は決してやさしくないのである．(それどころか楕円積分のように，初等関数の式では表せないものもある．)

定義 5.3 (不定積分 (indefinite integral)) $F(x)$ が $f(x)$ の原始関数のとき，

$$\int f(x)dx = F(x) + C \quad (C \text{ は積分定数})$$

と書いて，これを $f(x)$ の不定積分という．このときの $f(x)$ を**被積分関数**という．

例 5.4 原始関数を求める作業を一般に「積分する」という．原始関数と不定積分を特に区別せずに使うときもある．

不定積分には積分定数をつけるのが普通である．(積分定数がつくと分かりきっているので積分定数を省略する，という流儀もあるようだが，それでも特に困る

ことはないので，どちらの流儀に従ってもよい．ただし，入学試験では積分定数をつける方がよい．)

例 5.5 $\int \dfrac{1}{x}\,dx$ について考察してみよう．
$(\log|2x|)' = 2 \cdot \dfrac{1}{2x} = \dfrac{1}{x}$ なので，
$$\int \dfrac{1}{x}\,dx = \log|2x| + C \quad (C\text{ は積分定数})$$
と書くことはもちろんかまわない．公式として $\int \dfrac{1}{x}\,dx = \log|x| + C$ と覚えている読者も多いと思う．少し不思議な感じがするが，じつは $\log|2x| = \log|x| + \log 2$ であって，「$\log|x| + C$（C は積分定数）」と書くのと同じ意味である．

まずは高校で学習した積分の公式をまとめておこう．

命題 5.6 (やさしい不定積分の公式 1)

(1) $\displaystyle\int f(x)\,dx \pm \int g(x)\,dx = \int (f(x) \pm g(x))\,dx$

(2) $\displaystyle\int cf(x)\,dx = c\int f(x)\,dx \quad (c\text{ は定数})$

(3) $\displaystyle\int x^n\,dx = \dfrac{x^{n+1}}{n+1} + C \quad (n \ne -1\text{ は実数，}C\text{ は積分定数})$

証明． (1)(2) は和と定数倍に関する微分公式からただちに導かれる．(3) は $\left(\dfrac{x^{n+1}}{n+1}\right)' = x^n$ からただちに従う．この公式により，すべての整式（単項式，多項式）の積分ができることが分かる． □

例 5.7 $\displaystyle\int (x^2 + \sqrt{x})\,dx = \int (x^2 + x^{\frac{1}{2}})\,dx = \dfrac{1}{2+1}x^{2+1} + \dfrac{1}{\frac{1}{2}+1}x^{\frac{1}{2}+1} + C$
$= \dfrac{1}{3}x^3 + \dfrac{2}{3}x^{\frac{3}{2}} + C \quad (C\text{ は積分定数})$

命題 5.8 (やさしい不定積分の公式 2)

(4) $\displaystyle\int \frac{1}{x}\,dx = \log|x| + C$ (C は積分定数)

(5) $\displaystyle\int e^x\,dx = e^x + C$ (C は積分定数)

(6) $\displaystyle\int \sin x\,dx = -\cos x + C$ (C は積分定数)

(7) $\displaystyle\int \cos x\,dx = \sin x + C$ (C は積分定数)

(8) $\displaystyle\int \frac{1}{\cos^2 x}\,dx = \tan x + C$ (C は積分定数)

注意 5.9 これらの公式は指数関数，対数関数，三角関数の微分公式からただちに導かれる．$\displaystyle\int \sec^2 x\,dx = \tan x + C$ と公式を紹介する教科書もあるが，これは (8) と同じ式である．

例 5.10 $\displaystyle\int \left(2e^x - \frac{1}{x}\right)dx = 2e^x - \log|x| + C$ (C は積分定数.)

命題 5.11 (やさしい不定積分の公式 3)

(9) $\displaystyle\int \frac{f'(x)}{f(x)}\,dx = \log|f(x)| + C$ (C は積分定数)

(10) $\displaystyle\int \tan x\,dx = -\log|\cos x| + C$ (C は積分定数)

(11) $\displaystyle\int f(x)\,dx = F(x) + C$ ならば $\displaystyle\int f(ax+b)\,dx = \frac{1}{a}F(ax+b) + C$ である (C は積分定数).

証明． (9) は対数微分 $(\log|f(x)|)' = \dfrac{f'(x)}{f(x)}$ よりただちに従う．(10) は $\cos x$ について (9) を応用した式である．(11) は $(F(ax+b))' = aF'(ax+b) = af(ax+b)$ よりただちに従う． □

例 5.12 $\displaystyle\int \frac{4x^3+2x}{x^4+x^2+1}dx = \int \frac{(x^4+x^2+1)'}{x^2+x^2+1}dx$
$\displaystyle\qquad\qquad\qquad\qquad = \log|x^4+x^2+1| + C \qquad (C \text{ は積分定数})$

例 5.13 $\displaystyle\int \sqrt{2x+1}\,dx = \int (2x+1)^{\frac{1}{2}}dx = \frac{1}{2}\cdot\frac{2}{3}(2x+1)^{\frac{3}{2}} + C$
$\displaystyle\qquad\qquad\qquad = \frac{1}{3}(2x+1)\sqrt{2x+1} + C \qquad (C \text{ は積分定数})$

5.2 置換積分, 部分積分

高校で学習した置換積分, 部分積分の公式についてもまとめておく.

命題 5.14 (置換積分 (integration by substitution))

$x = g(t)$ とおいたとき,
$$\int f(x)dx = \int f(g(t))g'(t)dt$$
である. これを置換積分の公式という.

注意 5.15 $x = g(t)$ とおくときには, 想定される x の範囲について, $x = g(t)$ が全単射 (逆関数をもつような関数) であることが暗に要求されていることに注意しよう.

また, 変数 t を $t = h(x)$ のように x の式として与える場合もある. このときは $t = h(x)$ は $x = g(t)$ の逆関数であると考えているので,
$$\int f(x)dx = \int f(x)\frac{1}{h'(x)}dt$$
である. ただし, 右辺においては x は $t = h(x)$ の式を用いて t の式に表現できている必要がある.

例 5.16 $\displaystyle\int \sin^3 x \cos x\,dx$ を計算するときに, $t = \sin x$ とおくと, $dt = \cos x\,dx$ であって,
$$\int \sin^3 x \cos x\,dx = \int t^3 \cos x \cdot \frac{1}{\cos x}dt$$

$$= \int t^3\, dt = \frac{t^4}{4} + C = \frac{\sin^4 x}{4} + C \quad (C \text{ は積分定数})$$

のように求まる.

つぶやき

置換積分を計算するとき, $x = g(t)$ の両辺を微分して $dx = g'(t)dt$ と書いて, これを積分の dx の部分に代入する, という感覚を持っている読者はいるだろうか. これは置換積分の計算において大切な感覚である. しかし一方で「dx や dt とはいったいどういう意味なのだろうか?」という疑問も持つことだろう. 形式的な式変形である, とか, 微分を表す式 $g'(t) = \dfrac{dx}{dt}$ の右辺を分数だとみなして分母を払った式が $dx = g'(t)dt$ である, という説明はもちろん厳密ではない. 現代数学において, 式 $dx = g'(t)dt$ を正しく説明する方法はいくつかあるが, いずれも大学初学年の学習範囲ではない.(それは「そもそも積分とは何か」という問題をはらんでいるためである.) たとえば, dx, dt を「積分要素」や「微分形式」という言葉で説明することは可能である. $x = g(t)$ という変数変換に伴う積分要素や微分形式の変換公式が $dx = g'(t)dt$ であると説明できる. しかし, 積分要素や微分形式とはなにか, と言い出すとこの教科書の範囲を超えてしまう. しばらくは「今の知識で理屈をつけることはできないがそのような計算は許容される」と理解するのがよいだろう.

このことと同じ話題を, 第 9 章の全微分のところでもう一度問題に取り上げることになるだろう.

注意 5.17 (**典型的な置換積分**) 以下の形の積分は ( ) 内の置換積分によりうまくいく. 具体的には演習問題を通して計算できるようにしてほしい.

(1) $\displaystyle \int f(ax+b)\, dx \quad (t = ax+b)$

(2) $\displaystyle \int f(\sin x) \cos x\, dx \quad (t = \sin x), \quad \int f(\cos x) \sin x\, dx \quad (t = \cos x)$

(3) $\displaystyle \int f(x^2 + 1)\, dx \quad (x = \tan t)$

(4) $\displaystyle \int \frac{f(\log x)}{x}\, dx \quad (t = \log x)$

(5) $\displaystyle \int \frac{f(x)}{\sqrt{x^2 + px + q}}\, dx \quad (t = x + \sqrt{x^2 + px + q})$

(6) $\int f(\sin x, \cos x)\, dx \quad \left(t = \tan\left(\dfrac{x}{2}\right)\right)$

このときは $\cos x = \dfrac{1-t^2}{1+t^2}, \sin x = \dfrac{2t}{1+t^2}, dx = \dfrac{2}{t^2+1}dt$ を代入する.

このうち (5)(6) は計算がおもしろいので次に一例を紹介しよう.

例 5.18 $\int \dfrac{x+1}{x\sqrt{x^2+x+1}}\, dx$ を計算せよ.

$t = x + \sqrt{x^2+x+1}$ とおく. この式より $t - x = \sqrt{x^2+x+1}$. 両辺を二乗して $(t-x)^2 = x^2 + x + 1$. 展開して x について解いて $x = \dfrac{t^2-1}{1+2t}$. これより $dx = \left(\dfrac{t^2-1}{1+2t}\right)' dt$ である. したがって全体の計算は

$$\int \frac{x+1}{x\sqrt{x^2+x+1}}\, dx = \int \frac{x+1}{x\cdot(t-x)}\left(\frac{t^2-1}{1+2t}\right)' dt$$

$$= \int \frac{\frac{t^2-1}{1+2t}+1}{\frac{t^2-1}{1+2t}\cdot\left(t - \frac{t^2-1}{1+2t}\right)}\left(\frac{t^2-1}{1+2t}\right)' dt$$

$$= \int \frac{2(t^2+2t)}{(t^2-1)(1+2t)}\, dt$$

この最後の式は t に関する分数式(分母も分子も整式である)である. このような積分は 5.5 節にあるように部分分数展開で求めることができる. 最終的な計算は演習にゆだねよう.

例 5.19 $\int \dfrac{1}{3+2\sin x + \cos x}\, dx$ を求めよう.

これは $t = \sin x$ とおいても $t = \cos x$ とおいてもうまくいかない. $t = \tan\left(\dfrac{x}{2}\right)$ とおくのが正解である.(ただし $-\pi < x < \pi$ である.) このまま $1 + t^2 = 1 + \tan^2\left(\dfrac{x}{2}\right) = \dfrac{1}{\cos^2\left(\dfrac{x}{2}\right)}$ で, $\cos x = 2\cos^2\left(\dfrac{x}{2}\right) - 1$ に注意すると, $\cos x = \dfrac{-t^2+1}{t^2+1}$ を得る. $\sin x = \pm\sqrt{1-\cos^2 x}$ から符号に注意すると, $\sin x = \dfrac{2t}{t^2+1}$ を得る. また, この最後の式より

$$\cos x\, dx = \frac{2(t^2+1) - 2t(2t)}{(t^2+1)^2}\, dt = \frac{-2t^2+2}{(t^2+1)^2}\, dt$$

であって，
$$dx = \frac{t^2+1}{-t^2+1} \cdot \frac{2(-t^2+1)}{(t^2+1)^2} dt = \frac{2}{t^2+1} dt$$
を得る．これらを最初の式に代入すると，
$$\int \frac{1}{3+2\sin x + \cos x} dx = \int \frac{1}{3+2\dfrac{2t}{t^2+1}+\dfrac{-t^2+1}{t^2+1}} \cdot \frac{2}{t^2+1} dt$$
$$= \int \frac{1}{t^2+2t+2} dt$$
が得られる．この積分は分数式の積分の節 (5.5 節) でその計算方法を紹介する．

引き続いて部分積分の公式をみてみよう．

命題 5.20 (部分積分 (integration by parts))

$f(x)$ の原始関数を $F(x)$ とする．つまり $f(x) = F'(x)$ とする．このとき部分積分の公式
$$\int f(x)g(x)dx = F(x)g(x) - \int F(x)g'(x)dx$$
が成り立つ．

証明． $F(x)g(x)$ に積の微分公式を当てはめればただちに公式が得られる． □

注意 5.21 (典型的な部分積分) (1) $\int f(x)g(x)dx$ であって，$f(x)$ が三角関数，指数関数で $g(x)$ が整式のときには，部分積分で解決できる場合が多い．実際の計算は演習問題に譲るが，典型的な例は $\int (x^2+x+1)e^x dx$ であって，$f(x) = e^x$, $g(x) = x^2+x+1$ とおけば，$F(x) = e^x$ である一方で $g'(x) = 2x+1$ と整式の次数が下がっているので，これを繰り返せば計算できることが分かる

(2) 逆三角関数，無理関数のときに $f(x) = 1$ とおく方法がある．典型的な例は
$$\int \arcsin x \, dx = x \arcsin x + \sqrt{1-x^2} + C$$

である．

　このことは次のようにして確かめられる．$f(x) = 1, g(x) = \arcsin x$ とおくと，$f(x) = 1$ の原始関数は $F(x) = x$ であって，これを部分積分の公式に当てはめると，

$$\int 1 \cdot \arcsin x \, dx = x \cdot \arcsin x - \int x \cdot (\arcsin x)' \, dx$$
$$= x \cdot \arcsin x - \int x \cdot \frac{1}{\sqrt{1-x^2}} \, dx = x \arcsin x + \sqrt{1-x^2} + C$$

を得る．(最後の式変形で $(\sqrt{1-x^2})' = \dfrac{-x}{\sqrt{1-x^2}}$ を用いている．) この方法がうまくいく条件は，$\int F(x)g'(x)dx$ が既知の形になることである．

　（3） 2回部分積分をして自分自身と同じ形を導く方法もある．典型的な例は $\int e^x \sin x \, dx$ である．実際に，$I = \int e^x \sin x \, dx$ とおくと，

$$I = -\cos x \, e^x - \int (-\cos x \, e^x) \, dx$$
$$= -\cos x \, e^x + \sin x \, e^x - \int \sin x \, e^x \, dx$$
$$= -\cos x \, e^x + \sin x \, e^x - I$$

ゆえに $I = \dfrac{1}{2}(-\cos x \, e^x + \sin x \, e^x)$ である．

　（4） 部分積分により漸化式を導く方法もある．典型的な例は $\int x^m (\log x)^n \, dx$ の形，$\int (\sin x)^n \, dx$ の形がある．これらは演習にまわすので各自研究されたい．

5.3　難しい不定積分の公式

　前節までは高校で学習してきた内容である．逆三角関数などの学習により積分公式にもバリエーションが増えたので，公式に追加しよう．

命題 5.22 (難しい不定積分の公式 1)

(11) $\displaystyle\int \frac{dx}{\sqrt{a^2-x^2}} = \arcsin\left(\frac{x}{a}\right) + C$ ($a>0$, C は積分定数)

(12) $\displaystyle\int \frac{dx}{x^2+a^2} = \frac{1}{a}\arctan\left(\frac{x}{a}\right) + C$ ($a>0$, C は積分定数)

(13) $\displaystyle\int \frac{dx}{\sqrt{x^2+k}} = \log\left|x+\sqrt{x^2+k}\right| + C$ ($k \neq 0$, C は積分定数)

証明. (11) では $(\arcsin x)' = \dfrac{1}{\sqrt{1-x^2}}$ から直接導くこともできるし，$x = a\sin t$ という置換積分によって左辺を計算することが可能である．(12) は $(\arctan x)' = \dfrac{1}{x^2+1}$ から直接導くこともできるし，$x = a\tan t$ という置換積分により解くことも可能である．(13) では $(\operatorname{arcsinh} x)' = \left(\log|x+\sqrt{x^2+1}|\right)' = \dfrac{1}{\sqrt{x^2+1}}$ と同じ計算で示すことができる．もしくは，$t = x + \sqrt{x^2+1}$ という置換積分によっても確かめることが可能である．(置換積分の典型例 (5) や，例 5.17 と同じ方法である．) 1 つの計算を 2 通り以上の方法で計算することは練習になるので，読者にゆだねる． □

命題 5.23 (もっと難しい不定積分の公式 2)

(14) $\displaystyle\int \sqrt{a^2-x^2}\,dx = \frac{1}{2}\left(x\cdot\sqrt{a^2-x^2} + a^2\arcsin\frac{x}{a}\right) + C$
($a>0$, C は積分定数)

(15) $\displaystyle\int \sqrt{x^2+k}\,dx = \frac{1}{2}\left(x\cdot\sqrt{x^2+k} + k\log(x+\sqrt{x^2+k})\right) + C$
($k \neq 0$, C は積分定数)

この 2 式をただ証明するだけならば，右辺を微分することにより検算できるが，この公式を暗記することにさほど意味はない．(14) は $x = a\sin t$ という置換積分で解決でき，(15) は $(x)' = 1$ をもちいた部分積分で

$$I = \int \sqrt{x^2 + k}\,dx = x\sqrt{x^2 + k} - \int x \cdot \frac{x}{\sqrt{x^2 + k}}\,dx$$
$$= x\sqrt{x^2 + k} - \int \frac{(x^2 + k) - k}{\sqrt{x^2 + k}}\,dx$$
$$= x\sqrt{x^2 + k} - I + \int \frac{k}{\sqrt{x^2 + k}}\,dx$$

という計算をすることにより解決できる．最後のほうで $\dfrac{x^2 + k}{\sqrt{x^2 + k}} = \sqrt{x^2 + k}$ という式変形に持ち込むところがミソであり，このテクニックは非常によく使われるので覚えておくとよい．

5.4 部分分数展開

分数式 $\dfrac{f(x)}{g(x)}$（ただし $f(x), g(x)$ は整式）の積分には部分分数展開を用いる．
基本的な形は $\dfrac{1}{x^2 - 1} = \dfrac{p}{x - 1} + \dfrac{q}{x + 1}$ である．すなわち，
（a）（分子の次数）＜（分母の次数）であるような分数式であって，
（b）分母が(実数係数の) 1 次式，2 次式の積に因数分解できている
という形を前提として，これをいくつかの単純な形の分数式の和へと書き直すことをいう．$\dfrac{1}{x^2 - 1}$ を例にとって見れば，この式の分子は 0 次式，分母は 2 次式であり，また分母は $(x-1)(x+1)$ という 1 次式の積に因数分解できる．

注意 5.24 分数式であって(分子の次数)≥(分母の次数)であるような場合にはどのように考えるのだろうか．このときは分子を分母で割り算して，商と余りに分けることができる．商は外にくくりだして，余りを分子に残すことができる．つまり，$\dfrac{f(x)}{g(x)}$ という分数式で分子の $f(x)$ のほうが次数が高ければ，多項式の割り算を計算して $f(x) = g(x)q(x) + r(x)$ （ここで $q(x)$ は商，$r(x)$ は余り）の形にし，

$$\frac{f(x)}{g(x)} = q(x) + \frac{r(x)}{g(x)}$$

と変形して $\dfrac{r(x)}{g(x)}$ について部分分数展開を考えることにする．

注意 5.25 任意の実数係数の多項式 $g(x)$ は実数係数の 1 次式と 2 次式の積に因数分解できることが知られている．これは「代数学の基本定理」とよばれる定理で 1799 年にガウスが証明した．この功績でガウスは学位を取得している．したがって，部分分数展開を考えるための条件 (b) についてわざわざ断る必要がないともいえるが，分母が因数分解できているということが部分分数展開を考える上で重要な事柄であるので，このように強調することにした．

まずは，分母が相異なる 1 次式の積に因数分解できている場合を説明しよう．分母 $g(x)$ が $g(x) = (x-a_1)(x-a_2) \cdots (x-a_k)$ と表されていて，それぞれが相異なる 1 次式であるとする．このときには，

$$\frac{f(x)}{g(x)} = \frac{p_1}{x-a_1} + \frac{p_2}{x-a_2} + \cdots + \frac{p_k}{x-a_k}$$

という形に変形する作業を部分分数展開という．ここで $p_1, p_2, \cdots, p_k$ は実数の定数である．

部分分数展開の計算においては，$p_1, p_2, \cdots, p_k$ を具体的に求めることが重要である場合が多い．そこで，これら分子に現れる実数定数を求める方法を解説しよう．

高校の数学でも同じような計算があった．たとえば $\dfrac{1}{x^2-1} = \dfrac{p}{x-1} + \dfrac{q}{x+1}$ を考えるのであれば，この右辺を通分して

$$\frac{1}{x^2-1} = \frac{(p+q)x + (p-q)}{x^2-1}$$

と変形して，分子同士を比較して，$p+q=0$, $p-q=1$ を得て，これを解いて $p = \dfrac{1}{2}$, $q = -\dfrac{1}{2}$ を得る．

このように求めるのでももちろんよいが，分母が相異なる 1 次式に因数分解されるときには，少し楽な計算方法がある．$g_i(x) = (x-a_i)$ であったとするとき，

$$p_i = \lim_{x \to a_i} \frac{f(x)}{g(x)} \cdot (x - a_i)$$

が成り立つのである[1]．(その公式の証明は演習に残しておこう．)

たとえば，$\dfrac{1}{x^2-1} = \dfrac{p}{x-1} + \dfrac{q}{x+1}$ であるならば，

---

[1] この右辺の式を $x=a$ における留数 (residue) といい，複素関数論では主要なテーマのひとつであるが，微分積分学では学習範囲を超えているので省略する．

$$p = \lim_{x \to 1} \frac{1}{x^2-1} \cdot (x-1) = \lim_{x \to 1} \frac{1}{x+1} = \frac{1}{2}$$
$$q = \lim_{x \to -1} \frac{1}{x^2-1} \cdot (x+1) = \lim_{x \to -1} \frac{1}{x-1} = -\frac{1}{2}$$

と直接求めることが可能である.

> **つぶやき**
>
> 筆者が高校で部分分数分解を習ったときには, $\frac{1}{x^2-1} = \frac{A}{x-1} + \frac{B}{x+1}$ というふうに, 分子の未知数を大文字でおいていた. 本質的には何も違わないのだが, 積分の計算では C を積分定数として使うので, 分母の因子が 3 つ以上になると文字が混ざってしまうという欠点があった. この教科書では未知数を $p, q, r, \cdots$ とおくことにした.

次に, 分母が重複を含む 1 次式に因数分解される場合について解説しよう. 代表的な例は,

$$\frac{1}{(x-1)^3(x+1)} = \frac{p}{x-1} + \frac{q}{(x-1)^2} + \frac{r}{(x-1)^3} + \frac{s}{x+1}$$

である. この場合, 重複のある因子については, $\frac{p}{x-1}, \frac{q}{(x-1)^2}, \cdots$ のように分けた形に分解する. 因子の次数が 1 なので分母は定数とおくのである.

この場合においても「通分して分子の形を比較して連立方程式を立てる」という方針はもちろん正しい. $\frac{p}{x-1} + \frac{q}{(x-1)^2} + \frac{r}{(x-1)^3} + \frac{s}{x+1}$ を通分すると

$$\frac{(p-q+r-s) + (-p+r+3s)x + (-p+q-3s)x^2 + (p+s)x^3}{(x-1)^3(x+1)}$$

であって, $\frac{1}{(x-1)^3(x+1)}$ と分子を比較して連立方程式をたてて解くと $p = \frac{1}{8}, q = -\frac{1}{4}, r = \frac{1}{2}, s = -\frac{1}{8}$ を得る.

この場合にも別法がある. 重複のない因子について先に計算してしまって引き算をするのだ. 上の例だと, $x+1$ という因子は重複がないので,

$$\lim_{x \to -1} \frac{1}{(x-1)^3(x+1)} \cdot (x+1) = \frac{1}{(-1-1)^3} = -\frac{1}{8}$$

と $s = -\dfrac{1}{8}$ が先に求まる．これを引き算すると，

$$\frac{1}{(x-1)^3(x+1)} + \frac{1}{8}\frac{1}{x+1} = \frac{x^2-4x+7}{8(x-1)^3}$$

と求まる．ここで，やや荒業ではあるが，$f(x) = x^2 - 4x + 7$ とおいてテイラーの定理(第 8 章定理 8.10)を $x = 1$ で応用すると，

$$f(x) = f(1) + f'(1)(x-1) + \frac{f''(1)}{2}(x-1)^2 = 4 - 2(x-1) + (x-1)^2$$

が求まるので，

$$\frac{x^2 - 4x + 7}{8(x-1)^3} = \frac{4 - 2(x-1) + (x-1)^2}{8(x-1)^3}$$

となって，$p = \dfrac{1}{8}$, $q = -\dfrac{1}{4}$, $r = \dfrac{1}{2}$ が一度に求まることになる．

つぶやき

このやり方で間違いなくうまくいくという保証には，複素関数論の定理(たとえばリウビルの定理)などが関わっていたりして，こう見えてもなかなか奥が深いのである．ともかく現段階では部分分数展開にはいくつかの求め方があるということが分かればよい．

最後に 2 次式の因子が残る場合について考えよう．典型的な場合は

$$\frac{2}{(x-1)(x^2+1)} = \frac{p}{x-1} + \frac{qx+r}{x^2+1}$$

である．$x^2 + 1$ は実数の範囲では因数分解できない．($x^2 + 1 = 0$ の解が複素数であることがその理由である．) このようなときには分子には $\dfrac{qx+r}{x^2+1}$ のような 1 次式を設定するのが筋である．

この問題についても「通分して分子を比較する方法」でも「1 次式の分を単独で求めて引き算する方法」のどちらでもうまくいく．後者の計算例を示しておくと，

$$\lim_{x \to 1} \frac{2}{(x-1)(x^2+1)} \cdot (x-1) = \frac{2}{1^2 + 1} = 1$$

となり，$p = 1$ だけがまず求まる．残りは

$$\frac{2}{(x-1)(x^2+1)} - \frac{1}{x-1} = \frac{-x-1}{(x^2+1)}$$

となり，$q=-1, r=-1$ がただちに求まる．

読者の中には $\dfrac{1}{(x^2+1)(x^2+x+1)} = \dfrac{px+q}{x^2+1} + \dfrac{rx+s}{x^2+x+1}$ の場合にはどのように求めたらよいかが心配なかたもいるかもしれない．忘れてはならないのは「通分する方法」はいつでも通用する方法なので，うまい方法がわからなければ右辺を通分してみればよいだけのことである．

5.5 分数関数の積分

分数関数は部分分数展開を用いていくつかの分数式の和の形の式へと変形して考える．以下は基本公式から抜書きしたものであるが，これがあれば分数関数の積分をするのに十分であることが分かるだろう．

命題 5.26 (分数式の積分の基本公式)

(1) $\displaystyle\int \frac{dx}{x-a} = \log|x-a| + C$ (C は積分定数)

(2) $\displaystyle\int \frac{dx}{x^2+a^2} = \frac{1}{a}\arctan\frac{x}{a} + C$ (C は積分定数)

(3) $\displaystyle\int \frac{2x\,dx}{x^2+a^2} = \log(x^2+a^2) + C$ (C は積分定数)

(4) $n \geq 2$ に対し，

$$\int \frac{dx}{(x-a)^n} = \frac{1}{(-n+1)(x-a)^{n-1}} + C \quad (C \text{ は積分定数})$$

$$\int \frac{2x\,dx}{(x^2+a^2)^n} = \frac{1}{(-n+1)(x^2+a^2)^{n-1}} + C \quad (C \text{ は積分定数})$$

(5) $I_n = \displaystyle\int \frac{dx}{(x^2+a^2)^n}$ とすると，$n \geq 2$ に対して

$$a^2 I_n = \frac{x}{2(n-1)(x^2+a^2)^{n-1}} + \frac{2n-3}{2(n-1)} I_{n-1}$$

証明. (1) $x - a = t$ とおけば，ただちに

$$\int \frac{dx}{x-a} = \int \frac{dt}{t} = \log|t| + C = \log|x-a| + C$$

を得る.

(2) この式は難しい積分の公式 (11) と同じ式である.

(3) この式は対数微分から得られる積分公式 (6) からがただちに得られる. $((x^2+a^2)' = 2x$ を利用していることに注意しよう.)

(4) この式は $(x-a)^\alpha$ の微分（ただし α が負の整数の場合）からただちに得られる.

(5) これは例外的に難しい. $f(x) = 1, g(x) = \dfrac{1}{(x^2+a^2)^{n-1}}$ として部分積分を行うと，

$$\begin{aligned}
I_{n-1} &= \int \frac{dx}{(x^2+a^2)^{n-1}} \\
&= x \cdot \frac{1}{(x^2+a^2)^{n-1}} - \int x \cdot \frac{(-n+1) \cdot 2x}{(x^2+a^2)^n} dx \\
&= \frac{x}{(x^2+a^2)^{n-1}} + (n-1) \int \frac{2x^2 + 2a^2 - 2a^2}{(x^2+a^2)^n} dx \\
&= \frac{x}{(x^2+a^2)^{n-1}} + (n-1) \int \frac{2}{(x^2+a^2)^{n-1}} dx \\
&\quad - (n-1) \int \frac{2a^2}{(x^2+a^2)^n} dx \\
&= \frac{x}{(x^2+a^2)^{n-1}} + 2(n-1) I_{n-1} - 2a^2(n-1) I_n
\end{aligned}$$

これを整理すると

$$a^2 I_n = \frac{x}{2(n-1)(x^2+a^2)^{n-1}} + \frac{2n-3}{2(n-1)} I_{n-1}$$

を得る. □

部分分数展開により，分解された分数は次の形をしているので，それぞれを次のように考える.

$$\int \frac{dx}{x-a} \qquad \Longrightarrow \quad (1)$$

$$\int \frac{dx}{(x-a)^n} \quad \Longrightarrow \quad (4)$$

$$\int \frac{px+q}{(x+r)^2+s}\, dx \quad \Longrightarrow \quad (2)(3)$$

$$\int \frac{px+q}{\{(x+r)^2+s\}^n}\, dx \quad \Longrightarrow \quad (4)(5)$$

ここで，$(x+r)^2+s$ という分母の因子は，1次式に因数分解できないことが要件なので，自然と $s>0$ になることに注意しよう．したがって，$t=x+r, a=\sqrt{s}$ とおけば，(2)(3)(4)(5) の場合に帰着できる．

例 5.27 $\int \dfrac{2x+2}{x^2+x+1}\, dx$ を求めよ．

この問題はまず命題 5.22(3) を利用する．このとき，$(\log|x^2+x+1|)' = \dfrac{2x+1}{x^2+x+1}$ を念頭において，

$$\int \frac{2x+2}{x^2+x+1}\, dx = \int \frac{2x+1}{x^2+x+1}\, dx + \int \frac{1}{x^2+x+1}\, dx$$

と分解するのが賢い．右辺の第 1 項は $\log|x^2+x+1|$ である．右辺の第 2 項を計算するが，x^2+x+1 を平方完成すると

$$x^2+x+1 = \left(x+\frac{1}{2}\right)^2 + \frac{3}{4}$$

であることから，

$$\int \frac{1}{x^2+x+1}\, dx = \int \frac{1}{\left(x+\frac{1}{2}\right)^2 + \left(\frac{\sqrt{3}}{2}\right)^2}\, dx = \frac{2}{\sqrt{3}} \arctan\left(\frac{2}{\sqrt{3}}\left(x+\frac{1}{2}\right)\right)$$

あとは演習問題で練習しよう．

5.6 定積分

定義 5.28 (定積分 (definite integral)) $\int f(x)\, dx = F(x)+C$ と実数 a, b に対して

$$\int_a^b f(x)\, dx = F(b) - F(a)$$

と定め，これを定積分という．

$F(b) - F(a)$ のことを $[F(x)]_a^b$ とも書く．

例 5.29
$$\int_0^1 x^2 \, dx = \left[\frac{x^3}{3}\right]_0^1 = \frac{1^3}{3} - \frac{0^3}{3} = \frac{1}{3}$$

定積分を計算により求めるときには，不定積分 $F(x)$ をまず求めて，$F(b) - F(a)$ を計算するのが基本である．このことから，次の基本公式が成り立つ．

命題 5.30 (定積分の基本公式)

(1) $\left(\int_a^x f(t) \, dt\right)' = f(x)$

(2) $\int_a^b f(x) \, dx + \int_b^c f(x) \, dx = \int_a^c f(x) \, dx$

(3) $\int_a^b f(x) \, dx = -\int_b^a f(x) \, dx$

証明． 以下，$f(x)$ の原始関数を $F(x)$ とする．

(1) $\left(\int_a^x f(t) \, dt\right)' = \left(\, [F(t)]_a^x \,\right)' = (F(x) - F(a))' = f(x)$

(2) $\int_a^b f(x) \, dx + \int_b^c f(x) \, dx = [F(x)]_a^b + [F(x)]_b^c$

$= F(b) - F(a) + F(c) - F(b) = F(c) - F(a) = \int_a^c f(x) \, dx$

(3) $\int_a^b f(x) \, dx = F(b) - F(a) = -(F(a) - F(b)) = -\int_b^a f(x) \, dx$ □

置換積分に関する定積分の計算では，積分する範囲が変わることに注意しよう．

命題 5.31

$x = g(t)$ とすると
$$\int_a^b f(x)\,dx = \int_\alpha^\beta f(g(t))g'(t)\,dt$$
である. ただし $a = g(\alpha), b = g(\beta)$, つまり

x	a	$\to$	b
t	α	$\to$	β

である.

◆章末問題 A ◆

演習問題 5.1 次の不定積分を求めよ.

(1) $\displaystyle\int (x^4 + x^2 + 1)\,dx$ 　(2) $\displaystyle\int \left(\sqrt[3]{x+1} + \frac{1}{\sqrt{x}}\right)dx$

(3) $\displaystyle\int \sin x \cos x\,dx$ 　(4) $\displaystyle\int \frac{6x+2}{3x^2+2x}\,dx$ 　(5) $\displaystyle\int \frac{\cos x}{\sin x}\,dx$

演習問題 5.2 次の不定積分を求めよ.

(1) $\displaystyle\int e^{2x+1}\,dx$ 　(2) $\displaystyle\int \frac{1}{2x+5}\,dx$

(3) $\displaystyle\int \sqrt{3x-2}\,dx$ 　(4) $\displaystyle\int \sin\left(2x - \frac{\pi}{3}\right)dx$

演習問題 5.3 次の不定積分を求めよ.

(1) $\displaystyle\int \frac{1}{\sqrt{2x - x^2}}\,dx$

(ヒント：分母のルートの中身を平方完成して $\dfrac{1}{\sqrt{1-t^2}}$ の形を目指す.)

(2) $\displaystyle\int \frac{1}{x^2 - 4x + 5}\,dx$

演習問題 5.4 次の不定積分を求めよ.

(1) $\displaystyle\int (\sin^4 x + \sin^2 x)\cos x\,dx$ 　(2) $\displaystyle\int \frac{\sin^4 x + \sin^2 x}{\cos x}\,dx$

(3) $\displaystyle\int \frac{1}{(x^2+1)\sqrt{x^2+1}}\,dx$ 　(4) $\displaystyle\int \frac{(\log x)^3}{x}\,dx$

演習問題 **5.5** （1） $\int x \sin x \, dx = -x \cos x + \sin x + C$ を示せ．

（2） $\int \arcsin x \, dx = x \arcsin x + \sqrt{1-x^2} + C$ を示せ．

（3） $\int \arctan x \, dx$ を求めよ．

（4） $\int \sqrt{x^2+2} \, dx$ を求めよ

（5） $\int \sqrt{4-x^2} \, dx$ を求めよ．

演習問題 **5.6** 次の計算の誤りを指摘せよ．
$$\int \frac{dt}{2-t} = \log|2-t| + C = \log|t-2| + C$$

演習問題 **5.7** 次の不定積分を求めよ．

（1） $\int \dfrac{dx}{x^2-3x+2}$ （2） $\int \dfrac{x^2-2x+3}{x^2-3x+2} \, dx$

（3） $\int \dfrac{2x+1}{(x-1)^2} \, dx$ （4） $\int \dfrac{4x-1}{x^2+1} \, dx$

（5） $\int \dfrac{1}{2x^2+2x+1} \, dx$

◆章末問題 B ◆

演習問題 **5.8** x が正の場合，負の場合にわけて $(\log|x|)'$ を求めよ．そして $\int \dfrac{1}{x} \, dx = \log|x| + C$ （C は積分定数）を証明せよ．

演習問題 **5.9** 次を部分分数展開せよ．

（1） $\dfrac{5}{x^2+x-6}$ （2） $\dfrac{4}{x^3-x^2-x+1}$ （3） $\dfrac{6}{x^3-x^2+2x-2}$

演習問題 **5.10** 次の不定積分を求めよ．

（1） $\int \dfrac{1}{x\sqrt{x^2+x+1}} \, dx$ （2） $\int \dfrac{1}{1+\cos x+2\sin x} \, dx$

演習問題 5.11 次の不定積分を求めよ．

(1) $\displaystyle\int \frac{1}{\sqrt{x^2+x-1}}\,dx$ 　　(2) $\displaystyle\int \frac{1}{\sqrt{-x^2+x+1}}\,dx$

演習問題 5.12 (1) $I_n = \displaystyle\int_0^{\frac{\pi}{2}} \sin^n x\,dx$ とおくと, $I_n = \dfrac{n-1}{n}I_{n-2}$ $(n=2,3,\cdots)$ であることを示せ．

(2) $I_n = \displaystyle\int_1^e (\log x)^n\,dx$ とするとき, $I_n = e - nI_{n-1}$ であることを示せ．

(3) $\displaystyle\int (\sin x)e^{-x}\,dx$ を求めよ．

演習問題 5.13 次の不定積分を求めよ．

(1) $\displaystyle\int \frac{x^2-4x+1}{(x-1)(x-2)(x-3)}dx$ 　　(2) $\displaystyle\int \frac{3x+3}{x^3-1}dx$

(3) $\displaystyle\int \frac{x}{(x-1)^2(x-2)}dx$ 　　(4) $\displaystyle\int \frac{1}{(x^2+1)^2}dx$

(5) $\displaystyle\int \frac{x}{(x^2+1)^2}dx$

演習問題 5.14 $t = \tan\left(\dfrac{x}{2}\right)$ （ただし $-\pi < x < \pi$）とおいたとき，計算により $\cos x = \dfrac{-t^2+1}{t^2+1}$ を得る．この次，本文では「$\sin x = \pm\sqrt{1-\cos^2 x}$ から**符号に注意する**と, $\sin x = \dfrac{2t}{t^2+1}$ を得る」と書かれているが，どのように符号を注意して，なぜこれでよいのかを説明せよ．

演習問題 5.15 三角関数の積和の公式を用いて以下を示せ．

(1) m,n を異なる自然数とするとき,
$$\int_{-\pi}^{\pi} \sin(mx)\sin(nx)\,dx = 0$$

(2) 自然数 m に対して
$$\int_{-\pi}^{\pi} \sin(mx)\sin(mx)\,dx = \pi$$

◆章末問題 C ◆

演習問題 5.16 次を証明せよ.

(1) $\int f(x)\,dx \pm \int g(x)\,dx = \int (f(x) \pm g(x))\,dx$

(2) $\int cf(x)\,dx = c\int f(x)\,dx \qquad$ (c は定数)

演習問題 5.17 次の計算の誤りを指摘せよ.

$\int_{-1}^{2}(2x^2+2x)\,dx$ を計算する. $t=x^2$ と置換積分すると, $dt=2x\,dx$ であるので,

$$\int_{-1}^{2}(2x^2+2x)\,dx = \int_{-1}^{2}\{\sqrt{x^2}+1\}(2x)\,dx$$
$$= \int_{1}^{4}(\sqrt{t}+1)\,dt = \left[\frac{2}{3}\sqrt{t^3}+t\right]_{1}^{4} = \frac{28}{3}-\frac{5}{3}=\frac{23}{3}$$

(正しい答えは 9 である.)

第 6 章

積分の応用，広義積分

6.1 区分求積和，リーマン和

定積分の定義は，原始関数の差をとることであった．
$$\int_a^b f(x)\,dx = F(b) - F(a)$$
一方で，定積分にはグラフの囲む面積という側面もある．このあたりを高校の数学よりはやや厳密にもう一度見直してみよう．概念的な話を飛ばして理解したいという場合には，この 6.1 節を省略してもかまわない．この節では，定積分が表しているような図形的な量について説明する．

定義 6.1 (区分求積和，リーマン和 (Riemann sum)) $a < b$ を実数の定数とし，区間 $[a, b]$ を n 個に分割する点を $a = a_0, a_1, a_2, \cdots, a_{n-1}, a_n = b$ とする．分割の仕方は自由だが，もし n 等分したければ $a_j = a + \dfrac{j}{n}(b-a)$ ととればよい．(このように分割しなければならないわけではない．) また，区間 $[a_{j-1}, a_j]$ のそれぞれから点 x_j を選んでおく．(x_j は基本的に好きに選んでかまわない．)

このとき，
$$S_n = f(x_1)(a_1 - a_0) + f(x_2)(a_2 - a_1) + \cdots + f(x_n)(a_n - a_{n-1})$$
を区分求積和またはリーマン和とよぶ．

例 6.2 まず実例を見てみよう．$f(x) = x^2$ として，これを 0 から 1 まで積

分することを考える. $1^2+2^2+\cdots+n^2=\dfrac{n(n+1)(2n+1)}{6}$ であることは既知としよう. 計算の簡単のために区間 $[0,1]$ を n 等分することにしよう. このとき, $a_j=0+\dfrac{j}{n}(1-0)=\dfrac{j}{n}$ である. ここで, 簡単のために $x_j=a_j$ ととることにする.

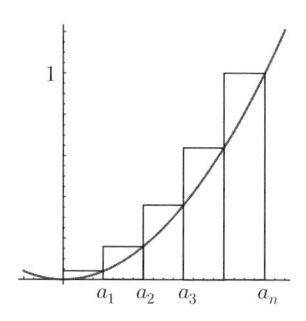

すると, $a_j-a_{j-1}=\dfrac{1}{n}$ に注意すると, この場合の区分求積和は

$$S_n=\dfrac{\left(\dfrac{1}{n}\right)^2+\left(\dfrac{2}{n}\right)^2+\cdots+\left(\dfrac{n}{n}\right)^2}{n}=\dfrac{n(n+1)(2n+1)}{6n^3}$$

であることが分かる. ちなみに, この n を無限大にすると,

$$\lim_{n\to\infty}S_n=\lim_{n\to\infty}\dfrac{1\cdot(1+\frac{1}{n})(2+\frac{1}{n})}{6}=\dfrac{1}{3}$$

となる. 一方で

$$\int_0^1 f(x)\,dx=\left[\dfrac{x^3}{3}\right]_0^1=\dfrac{1^3}{3}-\dfrac{0^3}{3}=\dfrac{1}{3}$$

であるので, $\lim\limits_{n\to\infty}S_n$ は積分の値と計算が合うことになる.

 区間の分割を無限に細かくしたときに区分求積和がグラフが囲む面積に収束することを高校の教科書では次のような絵を用いて感覚的に説明していた.

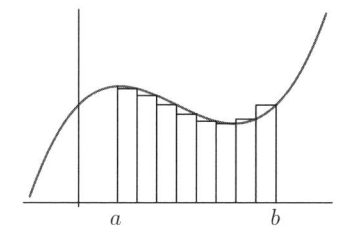

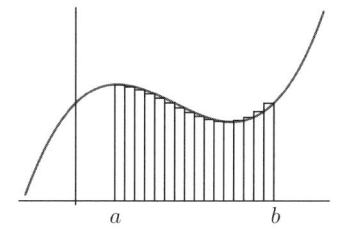

このことをもう少しだけ丁寧に考えよう. 積分区間を n 個に分割し, それぞれを底辺とするような長方形を考え, その面積の総和を考えているのである. 各々の長方形は, 高さが $f(x_j)$ で底辺長が $a_j - a_{j-1}$ であるので, その面積は $f(x_j)(a_j - a_{j-1})$ である.

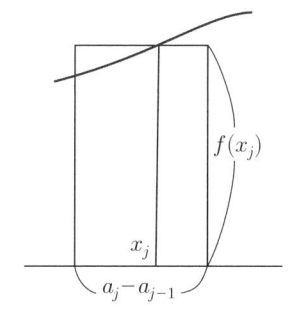

n を無限に大きくして, 区間の刻みをすべて細かくしたときに, この面積の和が一定の値に収束することは明らかではない. 感覚的には区分求積和はグラフと x 軸の間の面積の近似であって, 区間の刻みをすべて細かくして n を無限に大きくしたときに, グラフと x 軸の間の囲む面積に収束することにさほど違和感はない. 一般に, 関数 $f(x)$ が連続関数であるならば, この方法で面積を求めることができることが知られている. (そもそも, グラフで囲まれるような領域の面積を S_n の極限で定義する, と考えたほうが自然である.)

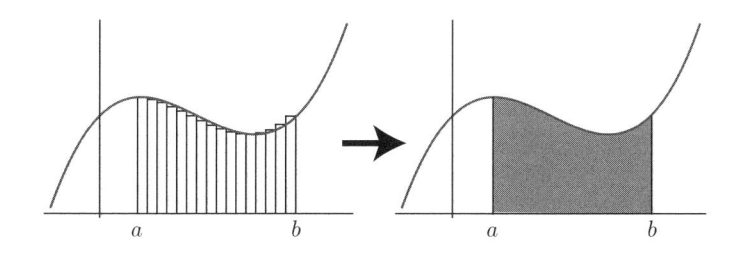

連続関数に関して S_n の極限が存在する厳密な証明は，たとえば桂田・佐藤著『力のつく微分積分』の 6.10 節を見てもらえればよい．(その証明は抽象的で難しい．) ここでは直感的な理由を紹介しよう．

$a_1, a_2, \cdots$ という区間の区切りには(n の増加に伴って細かく区切らなければならないという以外の)特別な条件はない．しかも，$[a_{j-1}, a_j]$ から一点 x_j を選ぶ方法も自由だという．これほど取り方に自由度があっても最終的に S_n がリーマン和に収束する，というのは何とも不思議な気がする．これを次のように考えてみよう．

じつは，区分求積和($[a_{j-1}, a_j]$ から一点 x_j を選ぶ方法)にはいくつかの流儀がある．

（1） $x_j = a_j$（または $x_j = a_{j-1}$）ととる方法．
（2） 区間 $[a_{j-1}, a_j]$ で関数の最大値をとる方法．(これを**過剰和**という．)
（3） 区間 $[a_{j-1}, a_j]$ で関数の最小値をとる方法．(これを**不足和**という．)
（4） 長方形のかわりに台形をとる方法．(これを台形近似という．)

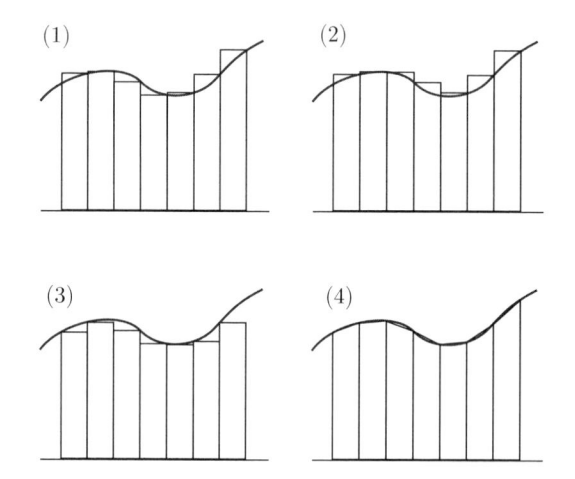

定積分の値を数値計算により近似する場合には，(1) や (4) が手軽でよいだろう．もっとも，どのように選んだところで不足和より大きい値になり，過剰和よりも小さな値になることは確実である．

この枠組みのままで分割を細かくすることを考えれば，分割が細かいほど過剰和は減少し(余分な部分が削れていく)，分割を細かくするほど不足和は増加する(足りない部分が埋め尽くされる)のである．このようにして両者が「真の値＝囲まれる面積」に収束することが示されて，区分求積和の極限は 1 つに定まるので

ある．つまりここで，過剰和と不足和によるはさみうちの定理を用いるのである．

関数の値が負である場合についても考えておこう．この場合に関数のグラフは x 軸より下にあり，長方形の面積 $f(x_j)(a_j - a_{j-1})$ は負の値になる．したがって，その部分での面積の総和の値も負になる．

次は面積と定積分との関係について理解しよう．要するに，実数 a を固定して考え，b に当たるところを x と書きかえて，これを変数と考え，a から x までの面積を $F(x)$ と仮に書くことにする．これが変数 x について，$f(x)$ の原始関数になっていることの説明を試みよう．

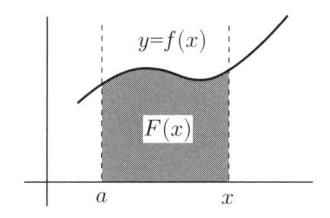

これは直感的に次のように考えれば十分である．n について極限をとる以前の段階で，$F(x)$ はだいたい a から x までの長方形の和（区分求積和）

$$F(x) \sim f(x_1)(a_1 - a_0) + f(x_2)(a_2 - a_1) + \cdots + f(x_n)(a_n - a_{n-1})$$

であると考えて，$F(x-h)$ はだいたい $a = a_0$ から $x = a_n$ の1つ手前である a_{n-1} までの長方形の和

$$F(x-h) \sim f(x_1)(a_1 - a_0) + f(x_2)(a_2 - a_1) + \cdots + f(x_{n-1})(a_{n-1} - a_{n-2})$$

であると考えるのである．

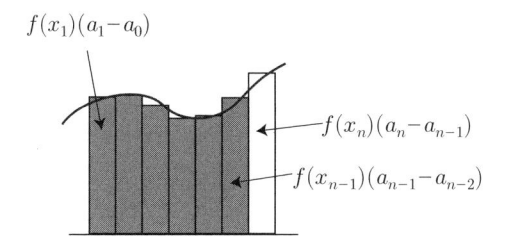

その差 $F(x) - F(x-h)$ をとって x 軸上の差分 $h = (a_n - a_{n-1})$ で割ることを考えるのである．つまり，

$$\frac{F(x)-F(x-h)}{h} \sim \frac{f(x_n)(a_n - a_{n-1})}{(a_n - a_{n-1})} = f(x_n) \sim f(a_n) = f(x)$$

である．領域分割が十分に細かければ，$\dfrac{F(x)-F(x-h)}{h}$ は $f(x)$ に十分近いと考えられるのである．このことは $F'(x) = f(x)$ に他ならない．このようにして，a から x までの面積は関数 $f(x)$ の原始関数 $F(x)$ を与えることが分かった．

6.2 面積

ここまでの内容をまとめるとこうなる．

命題 6.3 (面積 (area))

関数のグラフ $y = f(x)$ と区間 $[a, b]$ について，$\displaystyle\int_a^b f(x)\,dx$ は，

$y = f(x)$ のグラフ，x 軸，$x = a$，$x = b$ で囲まれた部分の(符号つきの)面積

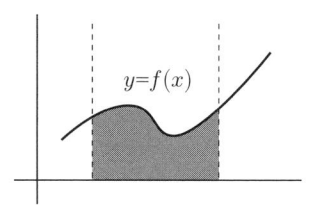

を与える．グラフが x 軸よりも上にあるときには正の面積，グラフが x 軸よりも下にあるときには負の面積となる．

注意 6.4 改めて確認をしよう．この命題が定積分の定義ではないかと考える読者もいることだろう．それは間違っていない．ただしこの教科書では最初に $F(b) - F(a)$ によって定積分の定義とした．したがって $F(b) - F(a)$ が面積を表すことは「証明が必要な命題」という扱いになる．

一方で，教科書によっては，区分求積和の極限＝面積を定積分の定義であるとしている．このような教科書においては $\dfrac{d}{dx}\displaystyle\int_a^x f(t)\,dt = f(x)$ を証明し，定積分が $F(b) - F(a)$ で表せることを「証明が必要な命題」として示すのである．

例 6.5
$$\int_0^2 (x^2 - x)\,dx = \left[\frac{x^3}{3} - \frac{x^2}{2}\right]_0^2$$
$$= \left(\frac{2^3}{3} - \frac{2^2}{2}\right) - \left(\frac{0^3}{3} - \frac{0^2}{2}\right) = \frac{2}{3}$$

であるが，これは図で，$[0,1]$ の部分の面積が負，$[1,2]$ の部分の面積が正で，その総和が $\frac{2}{3}$ となっている．実際に $[0,1]$ の部分の面積は $\int_0^1 (x^2 - x)\,dx = -\frac{1}{6}$，$[1,2]$ の部分の面積は $\int_1^2 (x^2 - x)\,dx = \frac{5}{6}$ となっている．

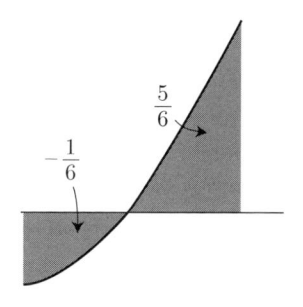

定積分が符号付きの面積を表すことから，積分の単調性とよばれる性質が示される．もし $f(x) \leq g(x)$ であるとすると，$g(x) - f(x) \geq 0$ であることから，$g(x) - f(x)$ の積分は正になることが分かる．このことをまとめると次のようになる．

命題 6.6 (積分の単調性)

$f(x) \leq g(x), a < b$ ならば
$$\int_a^b f(x)\,dx \leq \int_a^b g(x)\,dx$$
が成り立つ．

また，同じことを面積を用いた表現をすると次のようになる．

命題 6.7 (グラフに挟まれた領域の面積)

$y = f(x)$ と $y = g(x)$ のグラフが図のように上下関係 ($f(x) \leq g(x)$) をもつとき, $y = f(x)$ と $y = g(x)$ のグラフと $x = a$, $x = b$ で囲まれた領域の面積は正であって,

$$\int_a^b (g(x) - f(x))\, dx$$

と等しい.

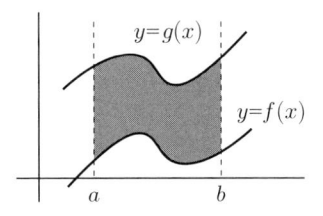

例 6.8 積分を用いて円の面積を求める. 半径が r であるような円 $x^2 + y^2 = r^2$ を考える. これを上下 2 つに分けてグラフだと考えて, 囲まれる面積を求めよう. 上半分は $y = \sqrt{r^2 - x^2}$ というグラフで, 下半分は $y = -\sqrt{r^2 - x^2}$ というグラフになるので, 面積の公式により, 半径 r の円の面積 S は

$$\int_{-r}^{r} (\sqrt{r^2 - x^2}) - (-\sqrt{r^2 - x^2})\, dx = 2\int_{-r}^{r} \sqrt{r^2 - x^2}\, dx$$

である. 難しい積分の公式 5.23 により,

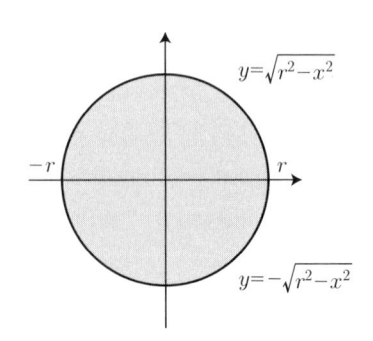

$$S = 2\left[\frac{1}{2}(x \cdot \sqrt{r^2 - x^2} + r^2 \arcsin \frac{x}{r})\right]_{-r}^{r}$$
$$= (r \cdot 0 + r^2 \arcsin \frac{r}{r}) - (-r \cdot 0 + r^2 \arcsin \frac{-r}{r})$$
$$= r^2 \cdot \frac{\pi}{2} - r^2 \cdot \frac{-\pi}{2} = \pi r^2$$

つぶやき

例 6.8 の計算は円の面積が πr^2 であることの「証明」ではない．というのは，この計算にははるか遠くに遡れば，三角関数の微分公式 2.9 $(\sin x)' = \cos x$ を用いており，この式の証明には sin の極限の基本公式 1.21 $\lim_{x \to 0} \frac{\sin x}{x}$ が用いられており，その証明の中に「円の面積 $= \pi r^2$」が用いられているからである．このように，証明の根源をたどった結果，自分自身の命題にさかのぼってしまうことをトートロジーというが，通称では「ぐるぐる回り」ともいう．ぐるぐる回りという言葉が身近に感じられるのは筆者だけだろうか．証明の根源をたどる旅もまた一興であろう．

もうひとつ，積分の単調性を用いた基本的な不等式を証明しておこう．

例 6.9 関数 $f(x)$ が $m \leq f(x) \leq M$ を満たすならば，$m(b-a) = \int_a^b m\,dx$, $M(b-a) = \int_a^b M\,dx$ より $m(b-a) \leq \int_a^b f(x)\,dx \leq M(b-a)$ が成り立つ．

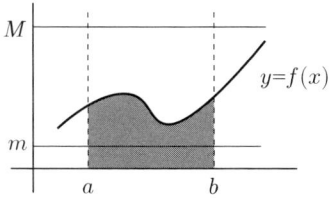

命題 6.10 (積分の絶対値の不等式)

$$\left|\int_a^b f(x)\,dx\right| \leq \int_a^b |f(x)|\,dx$$

例 6.11 上の 2 次関数の例 $\int_0^2 (x^2-x)\,dx$ で考えると，この関数は $[0,1]$ で負の値をとり，$[1,2]$ で正の値をとる．したがって「積分の絶対値」は $\left|\int_0^2 (x^2-x)\,dx\right| = \left|\dfrac{2}{3}\right| = \dfrac{2}{3}$ である．

一方で，$|x^2-x| = \begin{cases} -x^2+x & (0 \leq x \leq 1) \\ x^2-x & (1 \leq x \leq 2) \end{cases}$ であるから，「絶対値の積分」は

$$\int_0^2 |x^2-x|\,dx = \int_0^1 (-x^2+x)\,dx + \int_1^2 (x^2-x)\,dx = \frac{1}{6} + \frac{5}{6} = 1$$

である．

つまりこういうことである．$\left|\int_a^b f(x)\,dx\right|$ を計算すると，面積の正の部分と負の部分が打ち消しあうことがありうる．しかし，$\int_a^b |f(x)|\,dx$ のように絶対値 $|f(x)|$ の積分を考えると，面積を全部正とみなして総和をとる計算と等しい．絶対値の不等式 $|x+y| \leq |x|+|y|$ と同じ原理である．x が正，y が負の場合，$|x+y|$ のときには相殺が起こるが，$|x|+|y|$ のときには起こらない．

6.3 回転体の体積

命題 6.12 (回転体の体積)

関数 $f(x)$ が区間 $[a,b]$ で定義されているとき，グラフ $y=f(x)$ を x 軸の周りに回転させて得られる回転体の体積は $\int_a^b \pi\{f(x)\}^2\,dx$ である．

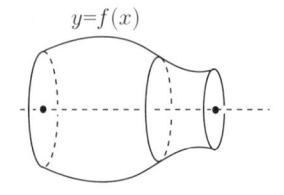

つぶやき

この教科書では回転体の体積の証明は行わない．「**そもそも体積とはなにか**」という根源的な問題があるからである．重積分の節 (10.3 節) において，もう一度体積の問題が表れるが，そこでも「体積 = 積分」であるというにとどめることにする．

もし，区分求積和の考え方で上の公式を説明しようとするならば，回転体を薄切りにして，ひとつひとつを平べったい円柱であるとみなすことになるだろう．「円柱の体積が (半径)²×(高さ)×π である」ことはいったい誰が決めたのだろう？ そういったことに思いをめぐらせることも数学のロマンの 1 つであろう．

例 6.13 (球の体積) 半径が r であるような半円のグラフ $y = \sqrt{r^2 - x^2}$ を x 軸の周りに回転させると半径 r の球になる．この体積は，

$$\int_{-r}^{r} \pi y^2 \, dx = \int_{-r}^{r} \pi (r^2 - x^2) \, dx = \left[\pi (r^2 x - \frac{x^3}{3}) \right]_{-r}^{r}$$
$$= \pi (r^2 \cdot r - \frac{r^3}{3}) - \pi (r^2 \cdot (-r) - \frac{(-r)^3}{3}) = \frac{4}{3} \pi r^3$$

である．

例 6.14 半径 r の円を底面とする，高さ h の円錐の体積は $\frac{1}{3} h r^2 \pi$ である．

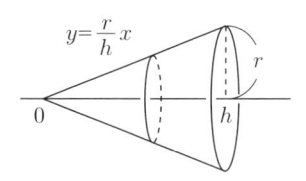

$f(x) = \frac{r}{h} x$ と設定して，これを x 軸の周りに回す．積分範囲は $0 \leq x \leq h$ として計算すると

$$\int_0^h \pi \left(\frac{r}{h} x \right)^2 dx = \pi \left[\frac{r^2}{h^2} \frac{x^3}{3} \right]_0^h = \pi \left(\frac{r^2}{h^2} \frac{h^3}{3} \right) - \pi \left(\frac{r^2}{h^2} \frac{0^3}{3} \right) = \frac{1}{3} h \pi r^2$$

と求まる．これは，円錐の体積が $\frac{1}{3}$×(高さ)×(定面積) と等しいことの証明になっている．

回転体でない立体領域の体積についても，カヴァリエリの定理により求めることができる．

命題 6.15 (カヴァリエリの定理 (Cavalieri's principle))

2 つの立体領域 E_1, E_2 の $x = x_0$ における断面積をそれぞれ $S_1(x_0), S_2(x_0)$ で表すとする．もし任意の x について $S_1(x) = S_2(x)$ であるならば，E_1, E_2 の体積は等しい．

例 6.16 (直円錐と斜円錐は同じ体積) 底面積と高さの等しい直円錐と斜円錐の体積は等しい．これは高さ h における断面の面積が等しいこととカヴァリエリの定理よりただちに従う．

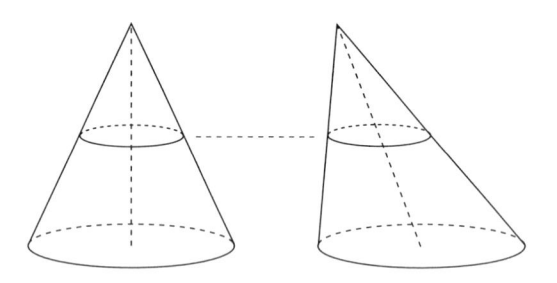

回転体の体積の公式と比較することにより，断面積から体積を求める方法がわかる．このことは高校の教科書にも載っている．

命題 6.17

立体領域 E の $x = x_0$ における断面積を $S(x_0)$ で表すとすると，$x = a$ から $x = b$ までの E の体積は $\displaystyle\int_a^b S(x)\, dx$ と等しい．

例 6.18 $x^2 + y^2 \leq 1, z \leq y, z \geq 0$ を満たす立体領域（図）の体積を求めよう．$x = x_0$ での断面を考えると，$0 \leq y \leq \sqrt{1 - x_0^2}, 0 \leq z \leq y$ という 2 等辺三角形であって，その断面積は $\dfrac{1}{2}(\sqrt{1 - x_0^2})^2 = \dfrac{1 - x_0^2}{2}$ である．x の範囲は $-1 \leq$

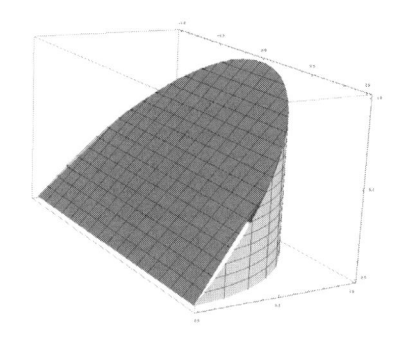

$x \leq 1$ であることから，この体積は

$$\int_{-1}^{1} \frac{1-x^2}{2} \, dx = \left[\frac{x}{2} - \frac{x^3}{6}\right]_{-1}^{1} = \frac{2}{3}$$

であることが分かる．

6.4　曲線の長さ

命題 6.19 (曲線の長さ)

パラメータ表示されているような曲線 $(f(t), g(t))$（ただし $a \leq t \leq b$）の長さは

$$\int_a^b \sqrt{(f'(t))^2 + (g'(t))^2} \, dt$$

で与えられる．

高等学校の教科書にも表れるこの公式は，いくつかの問題を抱えている．まずはこの公式が正しい（と思えるような）理由について説明しよう．理由に興味のない読者は，計算例 6.20 まで飛ばしてもよい．

曲線の長さというのは「点の移動距離」ということなので，t を時刻パラメータと考えて，時刻 t に従って動くような平面上の動点 $\mathrm{P}(f(t), g(t))$ を考えよう．ある時刻 a から時刻 b までの移動距離の総量が曲線の長さということになる．

ここで，終了時刻 b を変数 x に置き換えて，x を変数とする関数を考えてみよう．時刻 a から x までの移動距離を $F(x)$ と書いて，これを x で微分してみたい．

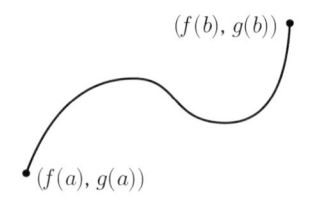

時刻 x で点 P は $(f(x), g(x))$ にある．その直後の時刻 $x+h$ では点 P は $(f(x+h), g(x+h))$ にある．この短い時間 h の間の移動距離はほぼ

$$\sqrt{(f(x+h)-f(x))^2 + (g(x+h)-g(x))^2}$$

であると考えられる.(平面上の 2 点間の距離の公式を用いた.) これがほぼ $F(x+h)-F(x)$ に等しいと主張しているわけである．このことから，

$$\begin{aligned}F'(x) &= \lim_{h\to 0} \frac{F(x+h)-F(x)}{h} \\ &= \lim_{h\to 0} \frac{\sqrt{(f(x+h)-f(x))^2 + (g(x+h)-g(x))^2}}{h} \\ &= \lim_{h\to 0} \sqrt{\frac{(f(x+h)-f(x))^2}{h^2} + \frac{(g(x+h)-g(x))^2}{h^2}} \\ &= \sqrt{\left(\lim_{h\to 0} \frac{f(x+h)-f(x)}{h}\right)^2 + \left(\lim_{h\to 0} \frac{g(x+h)-g(x)}{h}\right)^2} \\ &= \sqrt{f'(x)^2 + g'(x)^2}\end{aligned}$$

したがって，関数 $\sqrt{f'(x)^2 + g'(x)^2}$ の原始関数が $F(x)$ であることがわかる．すなわち，

$$\int_a^x \sqrt{(f'(t))^2 + (g'(t))^2}\, dt = F(x)$$

が成り立つことが分かる．

この説明はわりと合理的で疑いの余地がないようにも感じられるが，じつは根本的な「曲線の長さとは何か」という問題に答えていない．アプリオリに(生まれつき誰もが知っていることとして)曲線の長さは決まっているのだろうか？ 紐や輪ゴムのような柔らかいものについて我々は小さいころからそこに長さというものが備わっていることを知っている．では我々が知っている紐の長さは，数学でいうところの曲線の長さと同じものなのだろうか．

この哲学的な問いに完全に答えることは難しい．その代わりにここでは 2 つのことを述べておこう．1 つは上の議論において「x から $x+h$ までの短い時間 h の間の移動距離は直線距離である」としていることである．すなわち，数学における曲線の長さとは，曲線を短い直線の集まりで近似して，その長さの総和を考えて得られるものだということである．もう 1 つは，曲線の長さに関する根本的な(哲学的な)定義をもしもっていないならば，上の命題 6.19 を曲線の長さの数学的定義としても一向に構わないということである．

ともかく具体例を通して曲線の長さを計算してみよう．

例 6.20 放物線 $y = \dfrac{x^2}{2}$ の $0 \leq x \leq 1$ における長さを求めよ．

放物線のグラフ上の点は t を使って書くと $(t, t^2/2)$ と表されるので，$f(t) = t, g(t) = t^2/2$ とパラメータ表示されていると考えることができる．

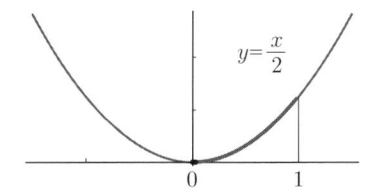

$f'(t) = 1, g'(t) = t$ に注意して公式に適用すると，グラフの $0 \leq x \leq 1$ の範囲の長さは

$$\int_0^1 \sqrt{(f'(t))^2 + (g'(t))^2}\, dt = \int_0^1 \sqrt{(1)^2 + (t)^2}\, dt = \int_0^1 \sqrt{t^2 + 1}\, dt$$
$$= \left[\frac{1}{2}\left(t\sqrt{t^2+1} + 1 \cdot \log|t + \sqrt{t^2+1}|\right)\right]_0^1$$
$$= \frac{1}{2}(\sqrt{2} + \log(1 + \sqrt{2}))$$

つぶやき

曲線の長さの実例については，演習問題にいくつかの例を提示しておいたが，現実問題として，我々がよく知っている関数(たとえば 3 次以上の整式)については，そのグラフの部分的な長さの式を計算することは難しい．

初等関数の範囲で不定積分が得られない関数の代表的なものに楕円関数がある

が，これにしても楕円の部分的な曲線の長さを初等関数で書き表せないところから研究が始まったのである．

6.5 極座標表示された曲線の長さと囲む面積

極座標によって表された曲線について，曲線の長さと曲線が囲む面積を積分によって求めることができる．まずは曲線の長さを見てみよう．

定理 6.21 (極形式曲線の長さ)

$r = f(\theta)$ $(a \leq \theta \leq b)$ を極座標で表された平面曲線であるとする．このとき，この曲線の長さは

$$\int_a^b \sqrt{f(\theta)^2 + f'(\theta)^2}\, d\theta$$

である．

例 6.22 カージオイド (cardioid) $r = 1 + \cos\theta$ の全長を求めてみよう．

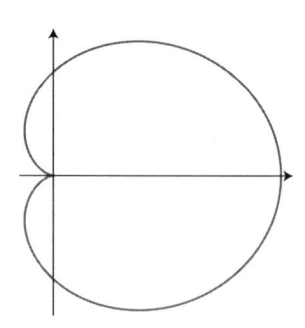

半周で $0 \leq \theta \leq \pi$ なので，この範囲で求めて 2 倍することにする．$f(\theta) = 1 + \cos\theta$, $f'(\theta) = -\sin\theta$，より全長は

$$2\int_0^\pi \sqrt{(1+\cos\theta)^2 + (-\sin\theta)^2}\, d\theta = 2\int_0^\pi \sqrt{2 + 2\cos\theta}\, d\theta$$
$$= 2\int_0^\pi 2\cos\frac{\theta}{2}\, d\theta = 2\left[2 \cdot 2\sin\frac{\theta}{2}\right]_0^\pi = 8$$

と求まる．

証明． この公式は平面曲線の長さの公式をそのまま当てはめるだけである．$r = f(\theta)$ を xy 座標系で表すと $(f(\theta)\cos\theta, f(\theta)\sin\theta)$ であり，これを曲線の長さの公式に当てはめると

$$\int_a^b \sqrt{(f'\cos\theta - f\sin\theta)^2 + (f'\sin\theta + f\cos\theta)^2}\, d\theta = \int_a^b \sqrt{f^2 + (f')^2}\, d\theta$$

と求まる．(計算練習になるので，検算してみよう．) □

極形式で表されている平面曲線の囲む面積の公式も紹介しておこう．

定理 6.23 (極形式曲線の囲む面積)

$r = f(\theta)$ $(a \leq \theta \leq b)$ を極座標で表された平面曲線であるとする．このとき，$r = f(\theta)$ のグラフと，原点を始点とする $\theta = a, \theta = b$ の 2 つの半直線で囲まれた領域の面積は

$$\frac{1}{2}\int_a^b f(\theta)^2\, d\theta$$

である．

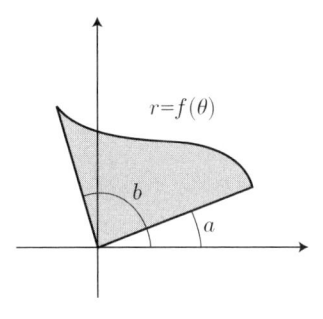

例 6.24 カージオイド $r = 1 + \cos\theta$ の囲む面積を求めてみよう．公式にそのまま当てはめて，

$$\frac{1}{2}\int_0^{2\pi}(1+\cos\theta)^2\, d\theta = \frac{1}{2}\int_0^{2\pi}(1 + 2\cos\theta + \cos^2\theta)\, d\theta$$

$$= \frac{1}{2}\left[\theta + 2\sin\theta + \frac{\theta + \frac{1}{2}\sin(2\theta)}{2}\right]_0^{2\pi} = \frac{3\pi}{2}$$

を得る．

証明. この公式の証明は区分求積和で考えるとよい．つまり，原点を中心とした扇形の集まりとして領域の面積を近似する．半径 r，中心角 θ の扇形の面積は $\frac{1}{2}r^2\theta$ なので(ここで，角度の単位はラジアンであり，円の面積が πr^2 であることを用いている.)，ひとつひとつの扇形の面積は $\frac{1}{2}(a_j - a_{j-1})f(x_j)^2$ となる．

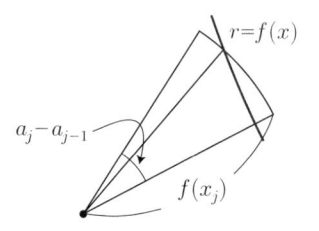

この総和をとって分割を細かくすると，$\frac{1}{2}\int_a^b f(\theta)^2\,d\theta$ が得られる． □

6.6 広義積分

積分をグラフの囲む領域の面積であると考えたとき，それが無限領域になるのはどのような場合だろうか？ また無限領域であっても面積を求めることができる場合があるだろうか？

グラフの囲む領域が無限領域になるのは2つの場合がある．1つは関数の値が無限大に発散する場合であり，もう1つは積分範囲が無限大を含む場合(これを無限区間という)である．

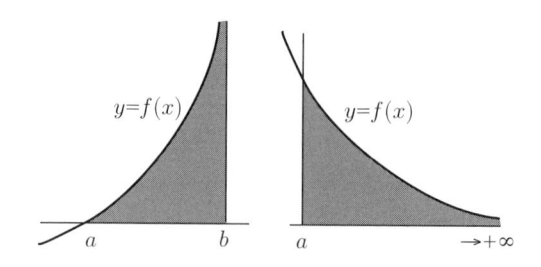

定積分の被積分関数が無限大に発散するとき，また定積分の区間が無限区間であるときにも，極限を考えることにより定積分を考えることができる．これを**広義積分** (improper integral) という．ここで広義という言葉は「もとからある定

義を拡大解釈する」という意味で使われる．

定義 6.25 (関数の値が発散するときの広義積分) 区間 $[a,b]$ での関数 $f(x)$ の定積分を考える．

（1） もし関数 $f(x)$ が $\lim_{x \to a+0} f(x) = \infty$ (または $-\infty$) であるとするとき，

$$\int_a^b f(x)\,dx = \lim_{t \to a+0} \int_t^b f(x)\,dx = \lim_{t \to a+0} [F(x)]_t^b$$

と定める．

（2） 関数 $f(x)$ が $\lim_{x \to b-0} f(x) = \infty$ (または $-\infty$) であるとするとき，

$$\int_a^b f(x)\,dx = \lim_{t \to b-0} \int_a^t f(x)\,dx = \lim_{t \to b-0} [F(x)]_a^t$$

と定義する．

例 6.26 $\int_0^1 \log x\,dx$ を考える．この場合，$\lim_{x \to +0} \log x = -\infty$ であるので，$\int_0^1 \log x\,dx$ は広義積分で，$\int_0^1 \log x\,dx = \lim_{t \to +0} \int_t^1 \log x\,dx$ となる．

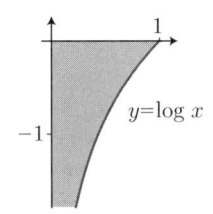

引き続き計算すると，

$$\lim_{t \to +0} \int_t^1 \log x\,dx = \lim_{t \to +0} [x \log x - x]_t^1$$
$$= (1 \cdot \log 1 - 1) - \lim_{t \to +0}(t \log t - t)$$

である．ここで例題 4.6 を参照すると，

$$\lim_{t \to +0} t \log t = \lim_{t \to +0} \frac{\log t}{\frac{1}{t}} = \lim_{t \to +0} \frac{(\log t)'}{\left(\frac{1}{t}\right)'}$$
$$= \lim_{t \to +0} \frac{\frac{1}{t}}{-\frac{1}{t^2}} = \lim_{t \to +0} -t = 0$$

である．このことから，$(1 \cdot \log 1 - 1) - \lim_{t \to +0}(t \log t - t) = -1$ となり，広義積分の値は $\int_0^1 \log x \, dx = -1$ であることが分かる．

注意 6.27 この例により，無限領域であっても面積が有限である可能性のあることが分かる．この例において，原始関数 $F(x) = x \log x - x$ であることはよく分かっているが，$[x \log x - x]_0^1$ と表記するのは適切ではない．なぜならば，$x \log x - x$ に $x = 0$ を代入することができないからである．あくまでも $\lim_{t \to +0}[x \log x - x]_t^1$ と表記するのが正しい．

広義積分は定積分の極限を考えるのであるから，いつでも収束するとは限らない．(無限領域の面積が無限大であることはきわめて自然なので，むしろ収束しないことのほうが頻繁に起こる．) このときは広義積分は発散する，といったり，広義積分は存在しないという．

例 6.28 $\int_0^1 \dfrac{dx}{x}$ を考える．この例の場合，$x = 0$ で $f(x) = \dfrac{1}{x}$ は無限大へ発散する．このことからこれは広義積分である．計算をすると以下が得られる．

$$\int_0^1 \frac{dx}{x} = \lim_{t \to +0}\int_t^1 \frac{dx}{x} = \lim_{t \to +0}[\log|x|]_t^1$$
$$= \lim_{t \to +0}(\log|1| - \log|t|) = \infty$$

例 6.29 $\int_{-1}^1 \dfrac{dx}{\sqrt{1-x^2}} = [\arcsin x]_{-1}^1 = \dfrac{\pi}{2} - \left(-\dfrac{\pi}{2}\right) = \pi$

という計算は正しいだろうか．$\dfrac{1}{\sqrt{1-x^2}}$ の原始関数は $\arcsin x$ であるから一見正しいように見える．間違いではないが正しくもない．つまり，被積分関数 $\dfrac{1}{\sqrt{1-x^2}}$ は $x = 1$ や $x = -1$ で発散する．したがってこれは広義積分である．したがって次の計算が正しい．

$$\int_{-1}^1 \frac{dx}{\sqrt{1-x^2}} = \lim_{s \to -1+0}\lim_{t \to 1-0}[\arcsin x]_s^t$$
$$= \lim_{t \to 1-0}\arcsin t - \lim_{s \to -1+0}\arcsin s = \frac{\pi}{2} - \left(-\frac{\pi}{2}\right) = \pi$$

定義 6.30（無限区間の広義積分）

$$\int_a^\infty f(x)\,dx = \lim_{t\to\infty} \int_a^t f(x)\,dx$$

$$\int_{-\infty}^b f(x)\,dx = \lim_{t\to -\infty} \int_t^b f(x)\,dx$$

と定義する．

例 6.31 $\int_1^\infty \dfrac{dx}{x}$ を考えてみよう．積分範囲に無限大が含まれているので，広義積分ということになる．計算すると

$$\int_1^\infty \frac{dx}{x} = \lim_{t\to\infty} \int_1^t \frac{dx}{x} = \lim_{t\to\infty} [\log|x|]_1^t = \lim_{t\to\infty} \log|t| - \log 1 = \infty$$

となり，この広義積分は発散することが分かる．

> **つぶやき**
>
> 積分範囲が無限大の場合には，無限大を代入することはできないので極限をとることに違和感はない．ただし，$[F(x)]_0^\infty$ と書いてよいかということになるとこの記号は「代入する」という意味なのでやや問題がある．しかし教科書によってはこの記号を用いているようだから容認される範囲なのだろう．

例 6.32 $1 < r$ ならば $\int_1^\infty \dfrac{dx}{x^r} = \dfrac{1}{1-r}$ である．実際に，

$$\int_1^\infty \frac{dx}{x^r} = \lim_{t\to\infty} \int_1^t \frac{dx}{x^r} = \lim_{t\to\infty} \left[\frac{x^{1-r}}{1-r}\right]_1^t = \lim_{t\to\infty} \frac{t^{1-r}}{1-r} - \frac{1^{1-r}}{1-r} = \frac{1}{1-r}$$

である．ここで，$1 < r$ より $1 - r < 0$ であって，$\lim\limits_{t\to\infty} t^{1-r} = \lim\limits_{t\to\infty} \dfrac{1}{t^{r-1}} = 0$ であることに注意しよう．

◆章末問題 A ◆

演習問題 6.1 例 6.2 を参考に，$f(x) = x^2$ としてこれを 0 から a ($a > 0$) まで n 等分したときの区分求積和を求めよ．また，その極限を求めよ．

演習問題 6.2 $\int_0^1 \dfrac{1}{\sqrt{x}}\,dx$ を求めよ．

演習問題 6.3 $\int_0^{\frac{\pi}{2}} \tan x \, dx$ が極限を持つかどうか調べよ．

演習問題 6.4 $\int_0^\infty x^2 e^{-x} \, dx$ を求めよ．

演習問題 6.5 実数の定数 a に対して，$\int_{-\infty}^\infty \dfrac{a^3}{x^2 + a^2} \, dx$ を求めよ．

◆章末問題 B ◆

演習問題 6.6 (シュワルツの不等式 (Schwarz inequality))

$$\left(\int_a^b f(x) g(x) \, dx \right)^2 \leq \int_a^b (f(x))^2 \, dx \cdot \int_a^b (g(x))^2 \, dx$$

を証明せよ．次の手順で考えよ．

（1） t を実数とし，$f(t) = \int_a^b (tf(x) + g(x))^2 \, dx$ とおく．$f(t)$ を t の 2 次関数として書き表せ．

（2） $f(t) \geq 0$ であることから，判別式に関する不等式を導け．

（3） シュワルツの不等式を証明せよ．等号成立条件についても調べよ．

演習問題 6.7 サイクロイド (cycloid) $((t - \sin t, 1 - \cos t)$，ただし $0 \leq t \leq 2\pi)$ の長さを求めよ．

演習問題 6.8 $\int_0^1 \dfrac{dx}{\sqrt{x - x^2}}$ を求めよ．

演習問題 6.9 $\int_1^\infty \dfrac{1}{x^3 + 1} \, dx$ を求めよ

演習問題 6.10 （1） レムニスケート (Lemniscate) は，

$$r = a\sqrt{\cos(2\theta)} \qquad (a \text{ は正の定数}, \ -\frac{\pi}{4} \leq \theta \leq \frac{\pi}{4}, \frac{3\pi}{4} \leq \theta \leq \frac{5\pi}{4})$$

であり，その概形は

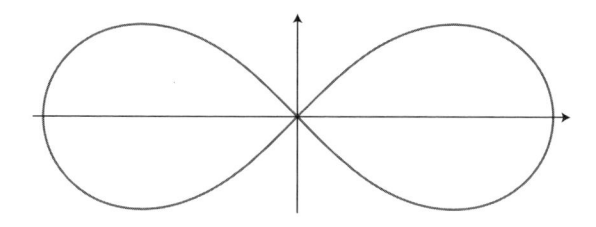

である．レムニスケートの囲む面積を求めよ．

 (2) レムニスケート上の点 (x, y) はある定数 c が存在して $(x^2 + y^2)^2 = 2c^2(x^2 - y^2)$ を満たすことを示せ．

 (3) $(x^2 + y^2)^2 = 2c^2(x^2 - y^2)$ を y について解くことにより，レムニスケートの囲む面積を求めよ．

演習問題 6.11 (1) $\int_0^\infty \sin x \ e^{-xs} \ dx \ (s > 0)$ を求めよ．（これは三角関数のラプラス変換の計算である．）

 (2) ディリクレ積分 $\int_0^\infty \dfrac{\sin x}{x} \ dx$ を求めよ．

演習問題 6.12 $y = (x-1)^2$ と $y = -x^2 + 1$ によって囲まれる部分を D とする．

 (1) D を x 軸の周りにまわして得られる回転体の体積を求めよ．

 (2) D を y 軸の周りにまわして得られる回転体の体積を求めよ．

 (3) 上 2 つの結果は一致するが，それは単なる偶然だろうか？

演習問題 6.13
$$\int_0^\infty t^n e^{-st} \ dt = \frac{n!}{s^{n+1}} \qquad (s > 0)$$
を示せ．（これは関数 $f(t) = t^n$ に対するラプラス変換の計算である．）

演習問題 6.14 正の実数の定数 σ, m に対して，関数
$$f(x) = \frac{1}{\sqrt{2\pi}\sigma} e^{-\frac{(x-m)^2}{2\sigma^2}}$$
を確率密度関数とするような確率分布を正規分布といい，これを $N(m, \sigma^2)$ という記号で表す．ここで，確率密度関数とは，
$$(x \text{ の値が } a \text{ と } b \text{ の間にある確率}) = \int_a^b f(x) \ dx$$

であるような関数のことをいう．命題 11.13 にあるように，この関数は

$$\int_{-\infty}^{\infty} f(x)\,dx = 1$$

を満たす．(このことの証明は 11.4 節にあるので参照のこと．)

（1）確率密度関数が $f(x)$ であるような確率分布の期待値は一般論により $\int_{-\infty}^{\infty} xf(x)\,dx$ により定義されるが，この定義に従い，正規分布 $N(m,\sigma^2)$ の期待値が m であることを証明せよ．

（2）期待値 m に対して，$\int_{-\infty}^{\infty} (x-m)^k f(x)\,dx$ を k 次モーメントという．正規分布 $N(m,\sigma^2)$ の k 次モーメントを求めよ．

演習問題 6.15 m,n,σ,τ を正の実数の定数とする．$f(x) = \dfrac{1}{\sqrt{2\pi}\sigma} e^{-\frac{(x-m)^2}{2\sigma^2}}$，$g(x) = \dfrac{1}{\sqrt{2\pi}\tau} e^{-\frac{(x-n)^2}{2\tau^2}}$ とおくと，これはそれぞれ $N(m,\sigma^2)$, $N(n,\tau^2)$ という正規分布の確率密度関数である．

確率論の一般論により，2 つの分布の確率密度関数 $f(x), g(x)$ について，その和分布の確率密度関数は

$$h(x) = \int_{-\infty}^{\infty} f(t)g(x-t)\,dt$$

で与えられる．(この式を**たたみ込み** (convolution) という．)

たたみ込みによりえられる $h(x)$ が $N(m+n, \sigma^2+\tau^2)$ という正規分布の確率密度関数であることを証明せよ．

◆章末問題 C ◆

演習問題 6.16 例 6.22 において，カージオイドの全長を求めるのにわざわざ半周を 2 倍している理由は何か．全長を $\int_0^{2\pi}$ の範囲で求めようとすると

$$\int_0^{2\pi} 2\cos\frac{\theta}{2}\,d\theta = \left[2\cdot 2\sin\frac{\theta}{2}\right]_0^{2\pi} = 0$$

となってしまうような気もするが，これはどこがいけないのだろうか？

演習問題 6.17（1） 本文 86 ページにおいて，「不足和より大きい値になり，過剰和よりも小さな値になることは確実」なのはなぜか．

（2） 本文 86 ページにおいて，「分割を細かくすればするほど過剰和は減少し，不足和は増加」するのはなぜか．

演習問題 6.18 リーマン和の極限が定積分と一致することの理由として，a から x までのリーマン和を $F(x)$ としたときに $F'(x) = f(x)$ であることが挙げられる．この別証明を考えてみよう．微小区間 $[x, x+h]$ を考えると，この区間におけるリーマン和は台形と考えておよそ $\frac{h}{2}(f(x) + f(x+h))$ であると考えられる．この台形の面積がおよそ $F(x+h) - F(x)$ と考えたとき，やはり $F'(x) = f(x)$ を導くことができるだろうか．実際に計算してみよ．

演習問題 6.19 例 6.18 のカージオイドには原点のところに尖った部分がある．しかし，カージオイドの方程式 $r = 1 + \cos\theta$ はいたるところ微分可能である．「尖ったところ＝微分できないところ」ではないのだろうか？

演習問題 6.20 $a < b$ を定数とし，区間 $[a, b]$ で定義された正の値を取る微分可能関数 $f(x)$ を考える．グラフ $y = f(x)$ を x 軸中心に回転させた回転面 M の $[a, b]$ における側面積を求めよう．

（1） $x_0 \in [a, b]$（ただし $x_0 \neq b$ とする）とし，小さな正の定数 $h > 0$ と定数 $m \neq 0$ について，図のような（$(x_0, f(x_0))$ を通り傾き m であるような）直線を考える．これを x 軸中心に回転させると円錐形が得られるが，そのうち区間 $[x_0, x_0 + h]$ の部分の円錐台を考えるとき，この円錐台の側面積を正確に求めよ．

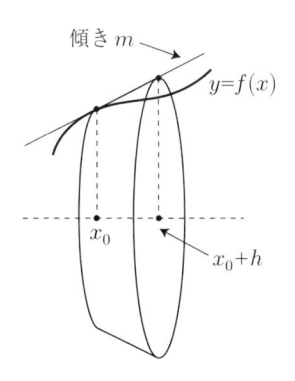

（2） 区間 $[a,x]$ における回転面 M の側面積を $S(x)$ として，$S'(x)$ を求めよう．$S(x_0+h)-S(x_0)$ はおおよそ (1) のような円錐台の側面積と考えられる．ただしここで $m=f'(x_0)$ であるとする．このことから，$S'(x_0)$ を f,f',x_0 を用いて近似せよ．

（3） 以上の結果から，区間 $[a,b]$ における回転面 M の側面積を現す公式
$$2\pi \int_a^b f(x)\sqrt{1+(f'(x))^2}\,dx$$
を導出せよ．

演習問題 6.21 原点を中心とし，半径が 1 であるような球面を考えよう．$-1 \leq a < b \leq 1$ となる a,b について，平面 $x=a$ と平面 $x=b$ のあいだにある球面の部分の面積（体積ではない）を求めよ．この面積は同じ範囲にある半径 1 の円柱の側面積と一致する．この驚くべき性質はアルキメデスによって得られたと伝えられる．

演習問題 6.22 （1） $[1,\infty)$ でグラフ $y=\dfrac{1}{x}$ を考える．このグラフを x 軸中心に回転させたとき，その回転面 M についてトリチェリは回転面（と $x=1$）が囲む体積は有限であるが，その表面積は無限であることを証明した．実際に体積が π であることを示し，その表面積が無限であることを示せ．

（2） 体積有限であれば，表面積も有限であるような気がするが，このことはパラドックスなのだろうか？ たとえば，この図形にペンキを塗ることを考えてみよ．（ペンキを塗るという，この巧妙な示唆はナーイン著『最大値と最小値の数学』によるものである．）

（3） ちなみに，$x=1$ と x 軸と $y=\dfrac{1}{x}$ が囲む領域の面積は無限大である．面積無限大の領域の回転体の体積が有限になることになる．このことはパラドックスだろうか？

第 7 章

数列の極限・級数の収束

7.1 数列の収束

この章では，数列の極限の意味と，その計算方法について解説しよう．数列の極限は高等学校で学習済みであるが，高等学校においては無限数列 $\{a_n\}$ の極限について，$\lim_{n\to\infty} a_n = a$ であることを

> n を限りなく大きくするとき，a_n がある値 a に限りなく近づくならば，$\{a_n\}$ は a に収束するといい，a を数列 $\{a_n\}$ の極限であるという．

のように定義した．

この節では，第 1 章で導入した閾値と近さの概念を用いて数列の極限を再定義することを試みよう．

つぶやき

高校における数列の収束の定義は「限りなく大きくする」「限りなく近づく」という言葉と「極限＝限りを極める」という言葉が重複していると思えなくもない．だいたい，「大きくする」の主語が誰だかわからないし，数学の式である a_n が「近づく」と擬人的に表現されているのはやや不自然ですらある．「n が限りなく大きくなるとき」と n も擬人化されているほうがまだ表現に統一感がある気がするのである．

閾値(しきいち)をこめて極限を考えると，物事はかえって簡単になる．

定義 7.1 (閾値つきの数列の収束) 数列 $\{a_n\}$ が(閾値 $\varepsilon > 0$ で)値 a に収束するとは，ある番号 N 以降の番号 n について a_n と a は(閾値 ε で)近いことであるとする．

例 7.2 数列を $a_n = 1/n$, 極限を $a = 0$ で考える．とりあえず，閾値を $\varepsilon = 0.001$ としてみよう．つまり，小数点以下 3 桁までしか表示できない電卓で $1/n$ を計算することを考えるわけである．すぐに分かることだが，$N = 1001$ ととると，$N = 1001$ 以降の番号 n (つまり $N \leq n$) については，$1/n$ を計算してもこの電卓では 0 が表示されてしまう．このことが 0 と $1/n$ が閾値 0.001 で近いということに他ならない．

一般に,「ある番号 N 以降」の N の取り方はいろいろありうる．上の例題においては，$N = 1001$ は一番上手な選び方であるが，閾値付きの収束を示すのに上手に N をとる必要はない．$1001 \leq n$ について $|a_n - a| < 0.001$ であるならば，1001 以降のどの数を N として選んでもかまわないことが分かる．この観点から N の取り方は「十分大きな n に対して a_n と a とは近い」という感覚を伴うのが，よい感覚であるといえる．

定義 7.3 (数列の収束) 数列 $\{a_n\}$ が a に収束する ($\lim_{n \to \infty} a_n = a$) とは，任意の閾値 $\varepsilon > 0$ に対して，数列 $\{a_n\}$ が閾値 ε で値 a に収束することである．

以上の定義により「限りなく」や「近づける」というあいまいな表現はなくなり，数列と閾値のせめぎ合いの図式が見えてくると思う．閾値の設定に関わらず，「十分大きな n に対して数列の値 a_n と値 a とが近い」ような数列が「収束する数列」である．

では，実際に数列と閾値が与えられたときに十分大きな番号 N が見つけられるのかというと，一般的には難しい．次の例を見てみよう．数列 $a_n = \dfrac{2n^3 + n^2}{n^3 + n + 2}$ を考える．$\lim_{n \to \infty} \dfrac{2n^3 + n}{n^3 + 2n^2 + 2} = 2$ を満たすことが分かっているものとして，つまり極限は $a = 2$ として議論してみよう．ここで，閾値を $\varepsilon = 0.001$ であるとしたときの，$|a_N - 2| < 0.001 = \varepsilon$ となる N を求めるのはどのくらい大変だろうか？

計算機を用いて

n	$\dfrac{2n^3+n^2}{n^3+n+2}$
3996	1.998999562
3997	1.998999812
3998	1.999000062
3999	1.999000312
4000	1.999000562

と計算できるので(じつは，4000 あたりを調べればよいと分かるまで，かなりの試行錯誤が必要である)，$3998 \leq n$ であるならば，$1.999 < \dfrac{2n^3+n^2}{n^3+n+2} < 2.001$ であることが想像される．いずれにしろ大変な労力が必要で，容易に N を見つけることはできないと思ったほうがよい．では我々は実際に N を見つけなければ収束を示せないのかというとそういうことはない．ここに数学特有のトリックが使われる．つまり「計算することは大変だが，そのような番号 N が存在することは論理によって保証される」という考え方である．とはいえ，基本となる公式は本来の定義によって示されるものである．

定理 7.4

(1) $k=1,2,\cdots$ に対して $\displaystyle\lim_{n\to\infty}\dfrac{1}{n^k}=0$.

(2) $|r|<1$ に対して $\displaystyle\lim_{n\to\infty}r^n=0$.

この 2 つの場合に限り，閾値 ε ごとに N を比較的容易に見つけることができる．このことは演習としよう．次は，収束すると分かっている数列を組み合わせて収束する数列を新しく作る方法である．

> **定理 7.5 (収束と演算)**
>
> a_n や b_n は収束すると仮定する.
> (1) $\displaystyle\lim_{n\to\infty}(a_n \pm b_n) = \lim_{n\to\infty} a_n \pm \lim_{n\to\infty} b_n$
> (2) $\displaystyle\lim_{n\to\infty}(ca_n) = c \cdot \lim_{n\to\infty} a_n$
> (3) $\displaystyle\lim_{n\to\infty}(a_n b_n) = \lim_{n\to\infty} a_n \cdot \lim_{n\to\infty} b_n$
> (4) もし $b_n \neq 0$, $\displaystyle\lim_{n\to\infty} b_n \neq 0$ ならば, $\displaystyle\lim_{n\to\infty} \frac{a_n}{b_n} = \frac{\lim_{n\to\infty} a_n}{\lim_{n\to\infty} b_n}$

高校の知識では公式 $\displaystyle\lim_{n\to\infty}(a_n + b_n) = \lim_{n\to\infty} a_n + \lim_{n\to\infty} b_n$ の理由を説明することはできなかった. 関数の極限の公式同様に, ここではその理由を説明できる. ただしこの教科書では極限に関するすべての公式を説明することが目的ではない. **曖昧な表現なしに説明可能であることを知ってもらうことが目的である.**

閾値 ε をひとつ固定しよう. $\displaystyle\lim_{n\to\infty} a_n = a$, $\displaystyle\lim_{n\to\infty} b_n = b$ とすると, 十分大きな n について, (閾値 ε で) a_n と a は近く, また b_n と b も近い. したがって, 命題 1.5 により, $a_n + b_n$ と $a + b$ とは (閾値 2ε で) 近い. この議論は任意の閾値 ε で行うことができるので, 数列 $\{a_n + b_n\}$ は $a + b$ に収束する.

これらの公式を使えば, 多くの場合の極限を求めることができる.

例 7.6 $\displaystyle\lim_{n\to\infty} \frac{2n^3 + n}{n^3 + 2n^2 + 2} = \lim_{n\to\infty} \frac{2 + \frac{1}{n^2}}{1 + \frac{2}{n} + \frac{2}{n^3}} = 2$

この計算で, 1 つめの等号は分母分子を n^3 で割るという式変形である. その上で, $\displaystyle\lim_{n\to\infty}\frac{1}{n} = 0$, $\displaystyle\lim_{n\to\infty}\frac{1}{n^2} = 0$, $\displaystyle\lim_{n\to\infty}\frac{1}{n^3} = 0$ などを組み合わせれば, この極限が 2 であることが示される. ここで大切なことは, 高校で習ったこの計算方法が「公式をうのみにしたパターン」ではなく「理論に基づいた計算」だということを理解することである.

関数の極限と同じように, 数列の極限においても単調性定理やはさみうちの定理が成立する.

定理 7.7 (単調性定理)

$a_n \leq b_n$ であるならば，$\lim_{n \to \infty} a_n \leq \lim_{n \to \infty} b_n$ である．

定理 7.8 (はさみうちの定理 (squeeze theorem))

$\lim_{n \to \infty} a_n = \lim_{n \to \infty} b_n = \alpha$ であって，$a_n \leq c_n \leq b_n$ であるならば，$\lim_{n \to \infty} c_n = \alpha$ です．

例 7.9 $a_n = \dfrac{\sin(n)}{n}$ として $\lim_{n \to \infty} \dfrac{\sin(n)}{n} = 0$ を示そう．分子 $\sin(n)$ は収束するかどうかわからないので直接示すのは難しそうであるが，$-1 \leq \sin(n) \leq 1$ であることを利用すれば，$\sin(n)/n$ の分子はさほど大きくならず，分母ばかりが大きくなることがわかる．つまり

$$-\frac{1}{n} \leq \frac{\sin(n)}{n} \leq \frac{1}{n}$$

であることから，$\lim_{n \to \infty} -\dfrac{1}{n} = \lim_{n \to \infty} \dfrac{1}{n} = 0$ より，はさみうちの定理を用いて $\lim_{n \to \infty} \dfrac{\sin(n)}{n} = 0$ が示される．

数列の発散についても同じ枠組みで定義することができる．

定義 7.10 (1) 数列 $\{a_n\}$ が閾値つきで ∞ に発散するとは，ある番号 N があって，$N \leq n$ ならば a_n が ∞ と近いこととする．

(2) 数列 $\{a_n\}$ が ∞ に発散する (diverge)（$\lim_{n \to \infty} a_n = \infty$）とは，任意の閾値に対して，閾値つきで発散することとする．

つぶやき

コンピュータの感覚をもってすれば，発散はより明確に理解することができる．どんなパソコンにも「計算できる数の大きさの限度」というものがある．それ以上の数は「オーバーフロー」といって計算不可能になるのである．

(1) 数列 $\{a_n\}$ が閾値つきで ∞ に発散するとは，$a_1, a_2, \cdots$ をコンピュータ

で計算するといつかはオーバーフローする，という意味である．

(2) $\lim_{n \to \infty} a_n = \infty$ とは，どんな立派なコンピュータをもってしても $a_1, a_2, \cdots$ をコンピュータで計算するといつかはオーバーフローする，という意味である．

定理 7.11 (発散に関する公式)

$\lim_{n \to \infty} a_n = \infty$ とする．
(1) $\lim_{n \to \infty} b_n = b$ とすると，$\lim_{n \to \infty} (a_n + b_n) = \infty$，$\lim_{n \to \infty} (a_n b_n) = \infty$ である．
(2) $\lim_{n \to \infty} b_n = \infty$ とすると，$\lim_{n \to \infty} (a_n + b_n) = \infty$，$\lim_{n \to \infty} (a_n b_n) = \infty$ である．
(3) もし $a_n \neq 0$ ならば，$\lim_{n \to \infty} a_n = \infty \iff \lim_{n \to \infty} \frac{1}{a_n} = 0$．
(4) $r > 1$ に対して $\lim_{n \to \infty} r^n = \infty$ である．

注意 7.12 $\lim_{n \to \infty} a_n = \infty$, $\lim_{n \to \infty} b_n = \infty$ のとき，$\lim_{n \to \infty} (a_n - b_n)$，$\lim_{n \to \infty} \frac{a_n}{b_n}$ の値は a_n, b_n によってさまざまであり，収束しない場合もありうる．

発散に関してもはさみうちの定理が成り立つ．

定理 7.13 (はさみうちの定理 (squeeze theorem))

$\lim_{n \to \infty} a_n = \infty$ であって，$a_n \leq c_n$ であるならば，$\lim_{n \to \infty} c_n = \infty$ である．

関数の収束にはロピタルの定理があった．数列の収束にロピタルの定理を直接使うことはできないが，関数の収束を数列の収束に応用することは可能である．

> **命題 7.14** (数列の収束への応用)
>
> $x > 0$ を定義域とする関数 $f(x), g(x)$ があって，もし $\lim_{x \to \infty} \dfrac{f(x)}{g(x)} = A$ ならば，$\lim_{n \to \infty} \dfrac{f(n)}{g(n)} = A$ (n は自然数) である.

例 7.15 $\lim_{n \to \infty} \dfrac{\log n}{n} = 0$ を示そう．$\lim_{x \to \infty} \log x = \infty, \lim_{x \to \infty} x = \infty$ より

$$\lim_{x \to \infty} \frac{\log x}{x} = \lim_{x \to \infty} \frac{(\log x)'}{(x)'} = \lim_{x \to \infty} \frac{\frac{1}{x}}{1} = 0$$

である．したがって $\lim_{n \to \infty} \dfrac{\log n}{n} = 0$ が示された.

コンピュータの計算量を論ずるときに「n よりも $\log n$ のほうがゆっくり大きくなる」という．これは，n も $\log n$ も無限大に発散するが，n が十分に大きければ，$\log n$ は n より十分に小さいという意味で用いられる．上の例題はその証明であるといえる.

7.2 正項級数の収束・発散

この節では，無限数列の和についての考察をする．最初は，数列 $\{a_n\}$ の項 a_n がすべて正である場合について考える．これを正項級数という.

定義 7.16 (級数 (series)) 無限数列 $\{a_n\}$ について，初項 a_1 から n 項 a_n までの和 S_n を**部分和** (partial sum) という．すなわち

$$S_n = a_1 + a_2 + \cdots + a_n = \sum_{i=1}^{n} a_i$$

である．部分和 S_n の $n \to \infty$ による極限を (a_n による) **級数**という.

$$\lim_{n \to \infty} S_n = a_1 + a_2 + \cdots + a_n + \cdots = \sum_{i=1}^{\infty} a_i$$

級数を簡単に $\sum_{n} a_n$ と書くこともある.

例 7.17 a_n が初項 a，公比 r の等比数列とする．すなわち $a_n = ar^{n-1}$ とす

る．このとき，n 項までの和 S_n は

$$S_n = a_1 + a_2 + \cdots + a_n = a + ar + ar^2 + \cdots + ar^{n-1} = \frac{a(1-r^n)}{1-r}$$

である．もし，$|r| < 1$ であるならば $\lim_{n \to \infty} r^n = 0$ より，この無限級数は収束し，

$$\sum_{n=1}^{\infty} a_n = \frac{a}{1-r}$$

となる．もし，$1 < |r|$ であるならば $\lim_{n \to \infty} r^n$ は発散して，無限級数 $\sum_{n=1}^{\infty} a_n$ も発散する．

この節の本題である正項級数の定義を述べよう．

定義 7.18 (正項級数 (non-negative series)) (1) $a_1, a_2, \cdots$ がすべて 0 以上である（すなわち $a_1 \geq 0, a_2 \geq 0, \cdots$）であるような級数 $a_1 + a_2 + a_3 + \cdots$ を**正項級数**という．

(2) 正項級数 $a_1 + a_2 + a_3 + \cdots$ が**上界を持つ**または**上に有界**とは，ある数 M が存在して，すべての部分和について $S_n = a_1 + a_2 + a_3 + \cdots + a_n \leq M$ であることをいう．

正項級数が収束するための条件はいくつか知られているが，ここではそのうちから重要なものを 2 つ紹介する．

命題 7.19 (正項級数の収束条件)

(1) 上界をもつ正項級数 $a_1 + a_2 + a_3 + \cdots$ は収束する．

(2) 正項級数 $a_1 + a_2 + a_3 + \cdots$ に対して，極限 $\lim_{n \to \infty} \dfrac{a_{n+1}}{a_n} = r$ が存在して $0 \leq r < 1$ を満たすならば，この級数は収束する（ダランベールの収束条件）．

注意 7.20 収束条件 (1) は，「実数の公理」として知られているものの系で，興味がある人は瀬山士郎著『『無限と連続』の数学』を読んでみるとよい．この本の中では「上界をもつ単調増加数列は収束する」という命題で紹介されている．

つぶやき

$a_1 + a_2 + a_3 + \cdots \leq M$ となっているとすると，$a_1 + a_2 + a_3 + \cdots$ はどこまでも大きくなるわけではない．一方で $a_1, a_2, a_3, \cdots$ は全部正の数なので，それを足していっても，増える一方で，振動したりはしない．このことから直感的には収束するように思える．

細かくてうるさいことをいうと，これら正項級数の収束条件においては「収束する」ことが分かるだけであって，「どの値に収束する」という情報は得られない．そのことについては次の例をみよ．

例 7.21 $\dfrac{1}{1!} + \dfrac{1}{2!} + \dfrac{1}{3!} + \cdots$ を考えてみる．$a_n = \dfrac{1}{n!} = \dfrac{1}{1 \times 2 \times \cdots \times n}$ は正の数なのでこれは正項級数である．この級数の収束を 2 つの方法で示してみよう．

まず，$n! = 1 \times 2 \times \cdots \times n \geq 1 \times 2 \times \cdots \times 2 \times 2 = 2^{n-1}$ であるから，

$$\frac{1}{1!} + \frac{1}{2!} + \frac{1}{3!} + \cdots < 1 + \frac{1}{2} + \frac{1}{4} + \frac{1}{8} + \cdots = 2$$

である．このことから，この正項級数は上界を持つ．よって正項級数の収束条件 (1) によりこの正項級数は収束する．

第 2 の方法でも確かめてみよう．$\dfrac{a_{n+1}}{a_n}$ を求めてみると，

$$\frac{a_{n+1}}{a_n} = \frac{\frac{1}{(n+1)!}}{\frac{1}{n!}} = \frac{1 \times 2 \times \cdots \times n}{1 \times 2 \times \cdots \times n \times (n+1)} = \frac{1}{n+1}$$

である．そうすると $\lim\limits_{n \to \infty} \dfrac{a_{n+1}}{a_n} = 0$ が示されるので，正項級数の収束条件 (2) によって，この級数は収束することが分かる．

ここで，ネイピア数の定義 3.5 を見てほしい．$e = 1 + \dfrac{1}{1!} + \dfrac{1}{2!} + \dfrac{1}{3!} + \cdots$ であることから，この級数の値は $e - 1$ であることが分かる．収束条件だけをいくら見てもこの値は分からない．極限を知る方法は別の方法だということが分かる．

注意 7.22 収束条件 (2) を実地で応用するのに「なぜ正しいか」という理由は必要ない．しかし，参考までに，この収束条件が正しい理由を紹介する．収束条件 (2) として $\lim\limits_{n \to \infty} \dfrac{a_{n+1}}{a_n} = r < 1$ であると仮定する．このことは，n が十分に大きな数であれば $\dfrac{a_{n+1}}{a_n}$ と r とが近いことを意味している．

このことを，等比級数 $b + br + br^2 + \cdots + br^{n-1} + \cdots (b_n = br^{n-1})$ の場合と比較してみよう．この場合には $\frac{b_{n+1}}{b_n} = r$ である．このことから，つまり十分大きな n に対しては初項 b を適切に調節すれば $a_n \sim b_n$ だということになり，この級数は後ろのほうへ行けばだいたいが無限等比級数と同じだとみなせることを意味している．無限等比級数 $b + br + br^2 + \cdots + br^{n-1} + \cdots$ は収束するので，この正項級数 Σa_n も収束することがだいたい分かる．

厳密にこのことを証明するには，精密な議論が必要であるが，それは演習にまわすことにする．

正項級数が発散する条件についても類似の公式があるので紹介しよう．

命題 7.23 (正項級数の発散条件)

正項級数 $a_1 + a_2 + a_3 + \cdots$ に対して，$\lim_{n \to \infty} \frac{a_{n+1}}{a_n} = r > 1$ を満たすならば，この級数は無限に発散する．

例 7.24 $3 + \frac{3^2}{2} + \frac{3^3}{3} + \frac{3^4}{4} + \frac{3^5}{5} + \cdots$ を考える．$a_n = \frac{3^n}{n}$ ととれば，

$$\lim_{n \to \infty} \frac{a_{n+1}}{a_n} = \frac{\frac{3^{n+1}}{n+1}}{\frac{3^n}{n}} = \frac{3n}{n+1} = 3$$

となり，正項級数の発散条件に該当するので，この級数は無限に発散することがわかる．

注意 7.25 正項級数 $a_1 + a_2 + a_3 + \cdots$ が $\lim_{n \to \infty} \frac{a_{n+1}}{a_n} = 1$ を満たすときは，収束・発散どちらもありうる．典型的な例を挙げると，$\frac{1}{1^s} + \frac{1}{2^s} + \frac{1}{3^s} + \frac{1}{4^s} + \frac{1}{5^s} + \cdots$ は，$0 < s \leq 1$ のときに発散，$1 < s$ のときに収束することが知られている．$a_n = \frac{1}{n^s}$ とすると，$\lim_{n \to \infty} \frac{a_{n+1}}{a_n} = 1$ であり，正項級数の収束発散条件には当てはまらない．この級数の場合には，積分（区分求積和）との比較から証明されるので演習で取り組んでもらいたい．

7.3 絶対収束

前の節では正項級数について学習した．この節では，マイナス符号が現れるような一般の級数を考えて，そこからべき級数へと発展させていこう．

定義 7.26 (絶対収束 (absolute convergence))　無限級数 $a_1 + a_2 + a_3 + \cdots$ について，各項の絶対値の和 $|a_1| + |a_2| + |a_3| + \cdots$ が収束するとき，この無限級数は**絶対収束**するという．

各項の絶対値をとった級数は正項級数になるので，前節の方法により，ある程度収束・発散を判定することができる．特に収束に関しては次の公式が成り立つ．

定理 7.27 (絶対収束ならば収束)

無限級数 $a_1 + a_2 + a_3 + \cdots$ が絶対収束するならば，無限級数も収束する．すなわち，$|a_1| + |a_2| + |a_3| + \cdots$ が収束 $\Rightarrow a_1 + a_2 + a_3 + \cdots$ が収束する．

つぶやき

この定理を感覚的に理解しよう．まず与えられた 1 つの級数が絶対収束するものと仮定する．この級数にはプラスの項とマイナスの項が混ざっているわけであるが，絶対収束しているという条件から，項をすべてプラスの符号にして総和をとったときに収束することが分かっている．全部プラスの符号にして足しても収束していることから，プラスとマイナスが入り乱れているほうはプラスとマイナスが打ち消しあうことを考慮にいれれば，発散することはないと想像がつく．

証明． この定理の証明を厳密に行うことは，この教科書の主目的ではないが，あらすじがとてもおもしろいので紹介しよう．与えられた 1 つの級数が絶対収束するものと仮定するところから始める．この級数にはプラスの項とマイナスの項が混ざっているので，「プラスの符号だけを足したもの A」と「マイナスの符号だけを足したもの B」に分ける．A と B とが収束しているかどうかはそのままでは分からないが，絶対収束しているということから $A - B$ は収束している．

ここから巧みなトリックを用いる．A はプラスの符号だけを足したものなので正項級数であるが，その総和は（あるとして）$A - B$ 以下である．したがって正項

級数の収束条件 (1) により A は収束して値を持つ．同じように $-B$ は正項級数でやはり $A-B$ 以下なので収束する．

とすると，A も B も 1 つの値に定まることが分かり，もともとの級数は $A+B$ であり，つまり収束することが分かる．精密な議論は演習に譲ろう． □

例 7.28 $\quad \dfrac{1}{1!} - \dfrac{1}{3!} + \dfrac{1}{5!} - \dfrac{1}{7!} + \dfrac{1}{9!} - \cdots + (-1)^{n-1}\dfrac{1}{(2n-1)!} + \cdots$

は収束するかを判定してみよう．まず，

$$a_1 = \frac{1}{1!}, \quad a_2 = -\frac{1}{3!}, \quad a_3 = \frac{1}{5!}, \cdots, a_n = (-1)^{n-1}\frac{1}{(2n-1)!}$$

とおく．この級数は正項級数ではないので，各項の絶対値の和

$$|a_1| + |a_2| + |a_3| + \cdots = \frac{1}{1!} + \frac{1}{3!} + \frac{1}{5!} + \frac{1}{7!} + \frac{1}{9!} + \cdots$$

を考える．この正項級数について項の比を考えると，

$$\frac{|a_{n+1}|}{|a_n|} = \frac{\left|(-1)^n \dfrac{1}{(2n+1)!}\right|}{\left|(-1)^{n-1} \dfrac{1}{(2n-1)!}\right|} = \frac{(2n-1)!}{(2n+1)!} = \frac{1}{2n(2n+1)}$$

であるので，$\displaystyle\lim_{n\to\infty} \frac{|a_{n+1}|}{|a_n|} = \lim_{n\to\infty} \frac{1}{2n(2n+1)} = 0$ となり，正項級数の収束条件（命題 7.19(2)）を満たすことになり，絶対値の和が収束することが分かり，つまり絶対収束している．定理 7.27 により「絶対収束する級数は収束する」ので，元の級数 $\dfrac{1}{1!} - \dfrac{1}{3!} + \dfrac{1}{5!} - \dfrac{1}{7!} + \dfrac{1}{9!} - \cdots$ は収束することが示された．

注意 7.29 この考察においても，「収束すること」が分かるだけで，極限値までが分かるわけではない．実際に極限値は $\sin 1$ であることが知られているが，そのことが分かるためにはテイラーの定理が必要になる．)

絶対収束する無限級数について，もう 1 つ顕著な性質があるので紹介しよう．ただし，証明や応用などは触れる紙面がない．

命題 7.30

無限級数 $a_1 + a_2 + \cdots$ が絶対収束すると仮定する．このとき無限級数は和の順序によらず収束する．

ここで絶対収束という仮定はぜひとも必要である．たとえば，絶対収束しない級数 $1 - \dfrac{1}{2} + \dfrac{1}{3} - \dfrac{1}{4} + \cdots$ の和の順序を変えて，たとえば，

$$1 + \frac{1}{3} - \frac{1}{2} + \frac{1}{5} + \frac{1}{7} - \frac{1}{4} + \frac{1}{9} + \frac{1}{11} - \frac{1}{6} + \cdots$$

などを考えると，(収束こそするが)極限が異なることが知られている．

7.4 べき級数

定義 7.31 (べき級数) 文字変数 x を含むような級数

$$a_0 + a_1 x + a_2 x^2 + a_3 x^3 + \cdots + a_n x^n + \cdots$$

をべき級数という．

例 7.32
$$x - \frac{x^2}{2} + \frac{x^3}{3} - \frac{x^4}{4} + \cdots + (-1)^{n-1} \frac{x^n}{n} + \cdots$$

は $a_0 = 0, a_1 = 1, a_2 = -\dfrac{1}{2}, a_3 = \dfrac{1}{3}, \cdots, a_n = (-1)^{n-1} \dfrac{1}{n}, \cdots$ と考えれば，これはべき級数の例になっている．テイラーの定理の節で証明するが，この式は $-1 < x \leq 1$ の範囲で，$\log(1+x)$ と等しくなることが知られている．

注意 7.33 べき級数の $a_n x^n$ は一般項とよばれるが，$a_n x^n$ が n 項目でなくてもかまわない．例えば，

$$1 - \frac{x^2}{2!} + \frac{x^4}{4!} - \frac{x^6}{6!} + \frac{x^8}{8!} - \cdots + (-1)^n \frac{x^{2n}}{(2n)!} + \cdots$$

のように，x の次数が 1 つおきの場合の一般項は $(-1)^n \dfrac{x^{2n}}{(2n)!}$ ということになるが，これは $n+1$ 項目にあたる．ちなみに，この式は任意の実数 x に対して $\cos x$ と等しくなることが知られている．

正項級数の収束条件を用いて，べき級数が収束するような x の値の範囲を計算することが可能である．必要十分条件ではないが，次の定理が主要である．

定理 7.34 (べき級数の収束半径)

べき級数
$$a_0 + a_1 x + a_2 x^2 + a_3 x^3 + \cdots + a_n x^n + \cdots$$
に対して，$\lim_{n \to \infty} \left| \dfrac{a_n}{a_{n+1}} \right| = r$ であるとき，$-r < x < r$ となる x についてべき級数は収束し，$x < -r, r < x$ となる x についてべき級数は発散する．この r をべき級数の **収束半径** (radius of convergence) という．

系 7.35

べき級数
$$a_0 + a_1 x^2 + a_2 x^4 + \cdots + a_n x^{2n} + \cdots$$
または
$$a_0 x + a_1 x^3 + a_2 x^5 + \cdots + a_n x^{2n+1} + \cdots$$
に対して，$\lim_{n \to \infty} \left| \dfrac{a_n}{a_{n+1}} \right| = r$ であるとき，その収束半径は $\sqrt{r}$ である．

注意 7.36 $\lim_{n \to \infty} \left| \dfrac{a_n}{a_{n+1}} \right| = \infty$ のときは任意の実数 x に対してべき級数は収束する．また，教科書によってはダランベールの収束判定法の式に合わせて $\lim_{n \to \infty} \left| \dfrac{a_{n+1}}{a_n} \right| = \dfrac{1}{r}$ と計算して，r を収束半径とすると書いてあるものもあるが，同じことである．

例 7.37 $x - \dfrac{x^2}{2} + \dfrac{x^3}{3} - \dfrac{x^4}{4} + \cdots + (-1)^{n-1} \dfrac{x^n}{n} + \cdots$ を考えよう．$a_n = (-1)^{n-1} \dfrac{1}{n}$ だから，

$$\lim_{n \to \infty} \left| \frac{a_n}{a_{n+1}} \right| = \lim_{n \to \infty} \left| \frac{(-1)^{n-1} \frac{1}{n}}{(-1)^n \frac{1}{n+1}} \right| = \lim_{n \to \infty} \left| -\frac{n+1}{n} \right| = 1$$

したがって，収束半径は 1 であって，$-1 < x < 1$ では収束，$x < -1, 1 < x$ では発散する．

証明．[定理 7.34 の証明] べき級数の第 n 項 $a_n x^n$ を改めて A_n とおく．つまり $A_n = a_n x^n$ とおく．

この級数の絶対値をつけたもの $|A_1| + |A_2| + |A_3| + \cdots$ についての正項級数の収束条件を書き下してみると，$\lim_{n \to \infty} \left| \frac{A_{n+1}}{A_n} \right| < 1$ である．

$$\lim_{n \to \infty} \left| \frac{A_{n+1}}{A_n} \right| = \lim_{n \to \infty} \left| \frac{a_{n+1} x^{n+1}}{a_n x^n} \right| = \lim_{n \to \infty} \left| \frac{a_{n+1}}{a_n} \right| \cdot |x| = \frac{1}{r} \cdot |x| < 1$$

だから，

$$\frac{1}{r} \cdot |x| < 1 \text{ ならば } |A_1| + |A_2| + |A_3| + \cdots \text{ は収束}$$

ということになり，これを整理すると

$$|x| < r \text{ ならば } |A_1| + |A_2| + |A_3| + \cdots \text{ は収束}$$

となる．一方で「絶対収束する級数は収束する」という定理 7.27 があるので，

$$|x| < r \text{ ならば } A_1 + A_2 + A_3 + \cdots \text{ は収束}$$

が示される．発散についても同様である． □

つぶやき

$x = r$ や $x = -r$ のときにべき級数が収束するかどうかは，式の形によってケース・バイ・ケースである．テイラーの定理から収束を証明できる場合もある．このことを一概に論ずることができない例として，

$$x - \frac{x^2}{2} + \frac{x^3}{3} - \frac{x^4}{4} + \cdots + (-1)^{n-1} \frac{x^n}{n} + \cdots$$

を挙げておこう．このべき級数は $x = -1$ で $-\infty$ に発散，$x = 1$ で収束（極限は $\log 2$）である．

◆ 章末問題 A ◆

演習問題 7.1 次のような数列の一般項 (第 n 項) を予想して書け.
(1) $1, -\dfrac{1}{2}, \dfrac{1}{3}, -\dfrac{1}{4}, \cdots$ (2) $1, -\dfrac{1}{3!}, \dfrac{1}{5!}, -\dfrac{1}{7!}, \cdots$

演習問題 7.2 次の極限を求めよ.
(1) $\lim_{n\to\infty}(n^3 - n^2)$ (2) $\lim_{n\to\infty}\left(\dfrac{n^2+1}{n} - \dfrac{n^2}{n+1}\right)$
(3) $\lim_{n\to\infty}\dfrac{n^2-1}{n^3+1}$ (4) $\lim_{n\to\infty}\dfrac{n^3-1}{n^2+1}$

演習問題 7.3 次の数列の極限を求めよ.
(1) $\lim_{n\to\infty}\sqrt{n^2-n} - \sqrt{n^2-1}$ (2) $\lim_{n\to\infty}\dfrac{2^n - 5^n}{4^n + 3^n + 1}$

演習問題 7.4 r を -1 でない定数とするとき,極限 $\lim_{n\to\infty}\dfrac{r^n - 1}{r^n + 1}$ を求めよ.

演習問題 7.5 次の級数の極限を求めよ.
(1) $\dfrac{1}{1\cdot 2} + \dfrac{1}{2\cdot 3} + \cdots + \dfrac{1}{n(n+1)} + \cdots$
(2) $\dfrac{1}{\sqrt{1}+\sqrt{2}} + \dfrac{1}{\sqrt{2}+\sqrt{3}} + \cdots + \dfrac{1}{\sqrt{n}+\sqrt{n+1}} + \cdots$

演習問題 7.6 $x - \dfrac{x^3}{3!} + \dfrac{x^5}{5!} - \dfrac{x^7}{7!} + \cdots$ の一般項を n で表せ.

演習問題 7.7 $a_1 = 1, a_n = -n \cdot a_{n-1}$ で決まる数列の一般項を書け.

演習問題 7.8 $a_0 = 0, a_1 = 1, a_n = -n \cdot (n-1) \cdot a_{n-2}$ で決まる数列の一般項を書け.

演習問題 7.9 (1) c を 0 でない定数とし, $a_n = \dfrac{c^n}{n!}$ のとき, $\lim_{n\to\infty}\left|\dfrac{a_{n+1}}{a_n}\right|$ を求めよ.
(2) $a_n = \dfrac{(-1)^n}{(2n+1)!}$ のとき, $\lim_{n\to\infty}\left|\dfrac{a_n}{a_{n+1}}\right|$ を求めよ.

演習問題 7.10 $a_1 = a, a_2 = a+d, \cdots, a_n = a+(n-1)d$ とするとき, その

総和は
$$a_1 + a_2 + \cdots + a_n = \frac{a_1 + a_n}{2} n$$
であることを示せ.

演習問題 7.11 次の公式を示せ. $p = 2, 3, 4$ について, $k^p - (k-1)^p$ を計算し, これを $\sum_{k=1}^{n}$ で総和することにより示せる.

(1) $\sum_{k=1}^{n} k = 1 + 2 + \cdots + n = \dfrac{n(n+1)}{2}$

(2) $\sum_{k=1}^{n} k^2 = 1^2 + 2^2 + \cdots + n^2 = \dfrac{n(n+1)(2n+1)}{6}$

(3) $\sum_{k=1}^{n} k^3 = 1^3 + 2^3 + \cdots + n^3 = \dfrac{n^2(n+1)^2}{4}$

演習問題 7.12 a, b を実数の定数とする. 数列 $\{a_n\}$ が, $a_1 = a$, $a_{n+1} = \dfrac{1}{2} a_n + b$ で与えられるとき, 一般項 a_n を求め, その極限 $\lim_{n \to \infty} a_n$ を求めよ.

◆章末問題 B ◆

演習問題 7.13 r を $0 < r < 1$ を満たす定数であるとするとき, 正項級数
$$r + \frac{r^2}{2} + \frac{r^3}{3} + \frac{r^4}{4} + \cdots$$
が収束することを正項級数の収束条件より証明せよ.

演習問題 7.14 $1 - \dfrac{1}{2!} + \dfrac{1}{4!} - \dfrac{1}{6!} + \dfrac{1}{8!} - \cdots + (-1)^n \dfrac{1}{(2n)!} + \cdots$
が収束するかどうかを判定せよ.

演習問題 7.15 k を自然数とするとき $\lim_{n \to \infty} \dfrac{n^k}{e^n} = 0$ を示せ.

演習問題 7.16 a を正の定数とするとき $\lim_{n \to \infty} \dfrac{a^n}{n!} = 0$ を示せ.

演習問題 7.17 $\lim_{n \to \infty} \dfrac{n!}{n^n} = 0$ を示せ.

演習問題 7.18 $1 - \dfrac{x^2}{2!} + \dfrac{x^4}{4!} - \dfrac{x^6}{6!} + \dfrac{x^8}{8!} - \cdots + (-1)^n \dfrac{x^{2n}}{(2n)!} + \cdots$
の収束半径を求めよ．

演習問題 7.19 $1 + \dfrac{x}{2} - \dfrac{1 \cdot x^2}{2 \cdot 4} + \dfrac{1 \cdot 3 \cdot x^3}{2 \cdot 4 \cdot 6} - \dfrac{1 \cdot 3 \cdot 5 \cdot x^4}{2 \cdot 4 \cdot 6 \cdot 8} + \cdots$
$+ (-1)^{n-1} \dfrac{1 \cdot 3 \cdots (2n-3) x^n}{2 \cdot 4 \cdots (2n)} + \cdots$ の収束半径を求めよ．

演習問題 7.20 $1 + \dfrac{3x^2}{2} + \dfrac{9x^4}{3} + \dfrac{27x^6}{4} + \dfrac{81x^8}{5} + \cdots + \dfrac{3^n x^{2n}}{n+1} + \cdots$ の収束半径を求めよ．

演習問題 7.21 a, b を実数の定数とする．数列 $\{a_n\}$ が，$a_1 = a$, $a_2 = b$, $a_{n+2} = \dfrac{5a_{n+1} - 2a_n}{2}$ で与えられるとき，一般項 a_n を求め，極限 $\lim\limits_{n \to \infty} a_n$ が存在する a, b の条件を求めよ．

演習問題 7.22 関数の極限のロピタルの定理を用いれば，任意の自然数 k に対して $\lim\limits_{n \to \infty} \dfrac{n^k}{e^n} = 0$ であることが示されるが，純粋に数列の問題として，ロピタルの定理を用いることなくこのことを証明せよ．

演習問題 7.23 無限数列 $\{a_n\}$ が $0 \leq a_n$ を満たし，かつ $\sum\limits_{n=0}^{\infty} a_n = 1$ であるとする．このような数列にたいして，値 n をとる確率が a_n であるような確率変数を考えることができる．この確率変数を X を書くことにする．いま，a を正の定数とし，$a_n = \dfrac{a^n}{e^a n!}$ によって定義する．(このような確率分布をポアソン分布(Poisson distribution) という.) 以下の問いに答えよ．

(1) $\sum\limits_{n=0}^{\infty} a_n = 1$ を示せ．

(2) 確率変数 X の期待値 $E(X)$ は $\sum\limits_{n=0}^{\infty} n \cdot a_n$ により定義される．$E(X)$ を求めよ．

(3) 確率変数 X の分散 $V(X)$ は $\sum\limits_{n=0}^{\infty} (n-m)^2 a_n$ により定義される．(ただしここで $m = E(X)$ であるとする.) $V(X)$ を求めよ．

（4） 確率変数 X の k 次モーメント $E(X^k)$ は $\sum_{n=0}^{\infty} n^k \cdot a_n$ により定義される．$E(X^k)$ を求めよ．

演習問題 7.24 a を $0 < a < 1$ を満たす実数の定数とする．$a_n = (1-a)a^{n-1}$ とする．（値 n をとる確率がこの a_n であるような確率分布のことを幾何分布 (geometric distribution) という．確率 a の独立事象を繰り返しおこない，最初に事象が観察されなかった回数を数えることにより得られる分布である．）以下の問いに答えよ．

（1） $\sum_{n=1}^{\infty} a_n = 1$ を示せ．

（2） 確率変数 X の期待値 $E(X)$ は $\sum_{n=1}^{\infty} n \cdot a_n$ により定義される．$E(X)$ を求めよ．

（3） 確率変数 X の分散 $V(X)$ は $\sum_{n=1}^{\infty} (n-m)^2 a_n$ により定義される．（ただしここで $m = E(X)$ であるとする．）$V(X)$ を求めよ．

（4） 確率変数 X の k 次モーメント $E(X^k)$ は $\sum_{n=1}^{\infty} n^k \cdot a_n$ により定義される．$E(X^k)$ を求めよ．

◆章末問題 C ◆

演習問題 7.25 実数列 $\{a_n\}$ であって，任意の自然数 k について $\lim_{n\to\infty} \dfrac{n^k}{a_n} = 0$ であり，かつ任意の 1 より大きい実数定数 $\alpha > 1$ に対して $\lim_{n\to\infty} \dfrac{a_n}{\alpha^n} = 0$ であるようなものは存在するか．

演習問題 7.26 正項級数の収束条件 (2) を次の手順で証明せよ．

（1） 正項級数 $a_1 + a_2 + \cdots$ と，$0 < r < 1$ となる定数 r について，もし $a_{n+1} \leq ra_n$ が成り立つならば，この正項級数は収束することを示せ．

（2） 正項級数 $a_1 + a_2 + \cdots$ と，$0 < r < 1$ となる定数 r について，もし $N \leq n \Rightarrow a_{n+1} \leq ra_n$ となる自然数 N が存在するならば，この正項級数は収束することを示せ．

（3） $\lim_{n\to\infty} \frac{a_{n+1}}{a_n} = r$ のとき，任意の $\varepsilon > 0$ について，ある自然数 N が存在して
$$N \leq n \Rightarrow \frac{a_{n+1}}{a_n} < r + \varepsilon$$
とできることを示せ．

（4） $0 < r < 1$ に対して，$r + \varepsilon < 1$ となるように ε を選ぶことにより，正項級数の収束条件 (2) を証明せよ．

演習問題 7.27 級数が絶対収束するならば収束することを次の手順で証明せよ．

（1） $p_n = \begin{cases} a_n & (a_n > 0) \\ 0 & (a_n \leq 0) \end{cases}$, $q_n = \begin{cases} 0 & (a_n > 0) \\ a_n & (a_n \leq 0) \end{cases}$ と定義する．部分和 P_n と Q_n を
$$P_n = p_1 + p_2 + \cdots + p_n, \quad Q_n = q_1 + q_2 + \cdots + q_n$$
と定義する．このとき，
$$P_n + Q_n = a_1 + a_2 + \cdots + a_n, \quad P_n - Q_n = |a_1| + |a_2| + \cdots + |a_n|$$
を示せ．

（2） 級数 $\sum a_n$ が絶対収束すると仮定する．すなわち，$\lim_{n\to\infty}(P_n - Q_n) = M$ であると仮定する．このとき，任意の n について $P_n \leq M$，$-Q_n \leq M$ であることを証明せよ．

（3） P_n, Q_n がそれぞれ収束することを示して（$P_n, -Q_n$ がそれぞれ単調増加関数であることを用いる），$a_1 + a_2 + \cdots$ が収束することも示せ．

演習問題 7.28 べき級数
$$a_0 + a_1 x^2 + a_2 x^4 + \cdots + a_n x^{2n} + \cdots$$
または
$$a_0 x + a_1 x^3 + a_2 x^5 + \cdots + a_n x^{2n+1} + \cdots$$
に対して，$\lim_{n\to\infty} \left|\frac{a_n}{a_{n+1}}\right| = r$ であるとき，その収束半径は $\sqrt{r}$ であることを証明せよ．

演習問題 7.29 以下の 2 つの収束に関して，任意に与えられた閾値 ε に対して収束を保証する十分大きな N を具体的に求めよ．

(1) $k = 1, 2, \cdots$ に対して $\displaystyle\lim_{n \to \infty} \frac{1}{n^k} = 0$.

(2) $|r| < 1$ に対して $\displaystyle\lim_{n \to \infty} r^n = 0$.

演習問題 7.30
$$1 + \frac{1}{2^2} + \frac{1}{3^2} + \cdots = \frac{\pi^2}{6}$$
をバーゼル問題といい，オイラーが初めてこのことを証明した．以下はオイラーによる証明のあらすじである．オイラーの時代にはイプシロン・エヌの考え方はなかったが，イプシロン・エヌの考え方からして自明でない式変形はどこか．検証してみよ．

テイラーの定理により $\sin x = x - \dfrac{1}{6}x^3 + \cdots$ である．一方で，$\sin x$ は $0, \pm\pi, \pm 2\pi, \cdots$ において 0 になることから，
$$\sin x = x\left(1 - \frac{x}{\pi}\right)\left(1 + \frac{x}{\pi}\right)\left(1 - \frac{x}{2\pi}\right)\left(1 + \frac{x}{2\pi}\right)\left(1 - \frac{x}{3\pi}\right)\left(1 + \frac{x}{3\pi}\right)\cdots$$
2 項ずつを先にかけ算してしまうと，
$$= x\left(1 - \frac{x^2}{\pi^2}\right)\left(1 - \frac{x^2}{2^2\pi^2}\right)\left(1 - \frac{x^2}{3^2\pi^2}\right)\cdots$$
この最後の式を展開して x^3 までの係数を考えると
$$= x - \left(\frac{1}{\pi^2} + \frac{1}{2^2\pi^2} + \frac{1}{3^2\pi^2} + \cdots\right)x^3 + \cdots$$
$$= x - \frac{1}{\pi^2}\left(1 + \frac{1}{2^2} + \frac{1}{3^2} + \cdots\right)x^3 + \cdots$$
この最後の式とテイラー展開の式を比べると，
$$-\frac{1}{\pi^2}\left(1 + \frac{1}{2^2} + \frac{1}{3^2} + \cdots\right) = -\frac{1}{6}$$
したがって
$$1 + \frac{1}{2^2} + \frac{1}{3^2} + \cdots = \frac{\pi^2}{6}$$

第8章

テイラー展開

この章では，テイラーの定理，テイラー展開について解説する．テイラー展開は大学 1 年で学習する微分に関するクライマックスであり，これにより初等関数に関するものの見方が大きく広がるのである．

8.1 高階導関数

関数のグラフを調べるときに 1 階導関数，2 階導関数という言葉をすでに導入したが，このことについて改めてまとめておく．

定義 8.1 (微分可能 (differentiable), C^1 級 (class C^1)) 定義域を S とするような関数 $f(x)$ が微分可能であるとは，任意の $x \in S$ に対して微分係数 $f'(x)$ が存在して，かつ導関数 $f'(x)$ が S 上で連続関数であることとする．このとき，$f(x)$ は C^1 級であるという．

定義 8.2 (n 階導関数 (n-th derivation), C^n 級 (class C^n))
(1) 関数 $f(x)$ を n 回微分して，その導関数が存在するとき，これを $f^{(n)}(x)$, $\dfrac{d^n f}{dx^n}(x)$, $\dfrac{d^n}{dx^n}f(x)$ などと書いて，関数 $f(x)$ の n 階導関数という．n 階導関数が連続であるような関数 $f(x)$ のことを C^n 級関数という．
(2) 任意の n について $f^{(n)}(x)$ が存在して連続であるような関数を C^∞ 関数 (class C^∞, smooth) (無限階微分可能関数) という．

注意 8.3 「2 回，3 回」でなくて「2 階，3 階」なのはなぜか？とりあえずは用語だから仕方ないと考えているが，筆者にとっても謎である．また $2 \le n$ について n 階導関数のことを総称して**高階導関数**ということもある．

$f^{(n)}(x)$ という記号についてであるが，1 階導関数を $f^{(1)}(x) = f'(x)$, 元の関

数を $f^{(0)}(x) = f(x)$ と解釈するのはかまわないが，普段 $f^{(1)}(x), f^{(0)}(x)$ を用いることは少ない．

例 8.4 以下はいずれも C^∞ 級関数である．

（1） $(x^k)' = kx^{k-1}, (x^k)'' = k(k-1)x^{k-2}, (x^k)^{(3)} = k(k-1)(k-2)x^{k-3}, \cdots,$
$(x^k)^{(k)} = k(k-1)\cdots 2 \cdot 1 = k!, (x^k)^{(k+1)} = 0$

（2） $(\sin x)' = \cos x, (\sin x)'' = -\sin x, (\sin x)^{(3)} = -\cos x, (\sin x)^{(4)} = \sin x,$
$(\cos x)' = -\sin x, (\cos x)'' = -\cos x, (\cos x)^{(3)} = \sin x, (\cos x)^{(4)} = \cos x$

（3） $(e^x)' = e^x, (e^x)'' = e^x, (e^x)^{(n)} = \dfrac{d^n}{dx^n}e^x = e^x$

> **つぶやき**
>
> e^x や $\sin x$ が C^∞ 級であることは納得がいきやすいが，$x^3 - 2x + 1$ や $\dfrac{1}{x^2+1}$ が C^∞ 級であることには逡巡する学生が多い．$x^3 - 2x + 1$ に関しては 3 階導関数が定数となり，4 階導関数は 0 である．0 を微分して 0，ということをうっかりするようだ．$\dfrac{1}{x^2+1}$ に関しては，実際に n 階導関数を求めろ，といわれるとちょっと困るが，計算さえ厭わなければ何回でも導関数を求めることができるので，やはり C^∞ 級である．n 階導関数の形が見えていないので，学生は迷うようだ．ここにも「具体的に目に見えないものを存在すると言ってしまってよいか」という哲学の問題があるようだ．

n 階導関数を求めるのには，一回一回微分を繰り返して求めるのが基本である．導関数を求めるときに「和の微分」「積の微分」の公式があった．和の微分のほうは n 階導関数になっても和のままであるからこれはよい．積の微分については次のような公式がある．

命題 8.5 (ライプニッツの公式)

(1) $f(x), g(x)$ が C^2 級のとき，
$$(f(x)g(x))'' = f''(x)g(x) + 2f'(x)g'(x) + f(x)g''(x)$$

(2) $f(x), g(x)$ が C^3 級のとき，
$$(f(x)g(x))^{(3)} = f^{(3)}(x)g(x) + 3f''(x)g'(x) + 3f'(x)g''(x) + f(x)g^{(3)}(x)$$

(3) $f(x), g(x)$ が C^n 級のとき，
$$(f(x)g(x))^{(n)} = f^{(n)}(x)g(x) + {}_nC_1 f^{(n-1)}(x)g'(x) + {}_nC_2 f^{(n-2)}(x)g''(x)$$
$$+ \cdots + f(x)g^{(n)}(x)$$

証明． 記号を簡略化するため，(x) の部分を省略して計算しよう．(3) は演習とする．

$$(fg)'' = (f'g + fg')' = f''g + f'g' + f'g' + fg'' = f''g + 2f'g' + fg''$$

$$(fg)^{(3)} = (f''g + 2f'g' + fg'')'$$
$$= (f'''g + f''g') + 2(f''g' + f'g'') + (f'g'' + fg''')$$
$$= f'''g + 3f''g' + 3f'g'' + fg''' \qquad \square$$

例 8.6 $f(x) = x^2 e^{2x}$ の n 階導関数を求めてみよう．

x^2 は 3 回以上微分をすると 0 になってしまうので，ライプニッツの公式の中から x^2 の 1 階微分，2 階微分が出てくるところを計算すればよいことになる．

$$f^{(n)}(x) = {}_nC_2 (x^2)''(e^{2x})^{(n-2)} + {}_nC_1 (x^2)'(e^{2x})^{(n-1)} + x^2(e^{2x})^{(n)}$$
$$= \frac{n(n-1)}{2} \cdot 2 \cdot (2^{n-2} e^{2x}) + n(2x)(2^{n-1} e^{2x}) + x^2(2^n e^{2x})$$
$$= (2^n x^2 + 2^n nx + 2^{n-2} n(n-1)) e^{2x}$$

計算中 ${}_nC_2 = \dfrac{n(n-1)}{2}$ を用いていることにも注意しよう．

8.2　1次近似

さまざまな関数の値を求めるのに，多項式でこれを近似する方法がある．いま，例として $f(x) = \sin x$ とする．グラフ $y = \sin x$ の $x = 0$ における接線は $y = f'(0)x + f(0)$ であって，実際に計算すると接線の式は $y = x$ になる．これをグラフに書きこむと図のようになっており，0 の近くの x についてはほぼ $y = \sin x$ と $y = x$ とは同じであることが分かる．

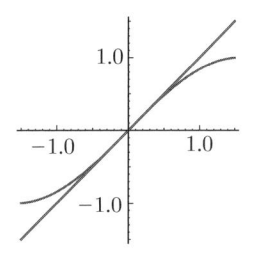

たとえば $x = 0.1$ だと，$\sin 0.1 \sim 0.0998334$ であって，だいたい $\sin x \sim x$ であることが分かる．つまり 0 に近い x について，

$$f(x) \sim f(0) + f'(0)x$$

という近似をおこなっていることになる．これを**関数の 1 次近似**という．(右辺で $f(0)$ を先に書いているのは後の話に接続するための都合である.)

a を実数定数とし，x が a に近いときの一次近似も考えることができる．これは a における接線の方程式を考えることと同じであり，

$$f(x) \sim f(a) + f'(a)(x-a)$$

という式で与えられる．ここまでは高校数学での学習範囲である．

なお，一次近似はあくまでも近似であって，誤差というものがあることも忘れてはならない．誤差の大きさを正しく把握しておくことも，数学の大切な役割の 1 つである．つまり $f(x) = f(a) + f'(a)(x-a) + R_2$ とおくと，この R_2 が誤差に相当する．

ここで，平均値の定理を思い出そう．便宜上 $a < b$ としておく．与えられた微分可能関数 $\varphi(x)$ について，ある $a < c < b$ が存在して，

$$\varphi'(c) = \frac{\varphi(b) - \varphi(a)}{b - a}$$

と表せる．この性質を使って R_2 を具体的に求めることができる．

引き続き $a < b$ としておいて，定数 X と関数 $\varphi(x)$ を次のように定める．

$$f(b) = f(a) + f'(a)(b-a) + \frac{X}{2}(b-a)^2$$

$$\varphi(x) = f(x) + f'(x)(b-x) + \frac{X}{2}(b-x)^2$$

このようにおいて，$\varphi(a), \varphi(b), \varphi'(x)$ を順に求めてみよう．

$$\varphi(a) = f(a) + f'(a)(b-a) + \frac{X}{2}(b-a)^2 = f(b),$$

$$\varphi(b) = f(b) + f'(b)(b-b) + \frac{X}{2}(b-b)^2 = f(b),$$

$$\varphi'(x) = f'(x) + \{f''(x)(b-x) - f'(x)\} - \frac{X}{2}\{2(b-x)\}$$

$$= (f''(x) - X)(b-x)$$

となる．ここで，平均値の定理を思い出すと，ある $a < c < b$ があって，

$$\varphi'(c) = \frac{\varphi(b) - \varphi(a)}{b-a}$$

$$(f''(c) - X)(b-c) = \frac{f(b) - f(b)}{b-a} = 0$$

$b - c \neq 0$ であることから，$X = f''(c)$ が求まり，これを代入すると

$$f(b) = f(a) + f'(a)(b-a) + \frac{f''(c)}{2}(b-a)^2$$

が示される．したがって $R_2 = \dfrac{f''(c)}{2}(b-a)^2$ である．

つぶやき

筆者は，R_2 を求める計算を自力でずいぶん考えてみたが，$\varphi(x)$ の設定の仕方が独特で，残念ながら思いつくことはできなかった．(この証明は，ほかの教科書を読んで勉強した．) 計算を見れば分かるとおり，$\varphi(a) = \varphi(b)$ が成り立たなければならないうえに，$\varphi'(x)$ を計算したときにかなり巧妙に項が消えなければいけない．それを得るために，「上の式の a を x に置き換える」ことをするのだが，それを思いつくこと自体がかなりトリッキーである．

定理 8.7 (1 次近似 (first order approximation))

関数 $f(x)$ と定数 a について,
$$f(x) \sim f(a) + f'(a)(x-a)$$
を $f(x)$ の **1 次近似**という. また, a と x の間にある数 c が存在して,
$$f(x) = f(a) + f'(a)(x-a) + \frac{f''(c)}{2}(x-a)^2$$
が成り立つ. この最後の $\frac{f''(c)}{2}(x-a)^2$ を R_2 と書いて (1 次近似の) **誤差項** (error term), または**剰余項** (remaider term) という.

つぶやき

剰余項の意味はなかなか分かりにくいので, あまり気にしすぎないことが肝要だ. 見た目には剰余項は x の 2 次式のように見えるが, じつは c という正体不明の数が x に依存して決まるため, $f(x)$ を多項式で表せているわけではない. 要するに誤差の項を無理やり式にした, というくらいの理解で十分である.

8.3　2 次近似

次は $f(x) = \cos x$ を放物線 (2 次式) で近似することを考えよう. そのために, $f'(x)$ を $x = 0$ で 1 次近似することを考える. そうすると
$$f'(x) \sim f'(0) + f''(0)x$$
と考えることができる. この式を 0 から x まで積分すると,
$$\int_0^x f'(t)\,dt \sim \int_0^x f'(0)\,dt + \int_0^x f''(0)t\,dt$$
$$f(x) - f(0) \sim f'(0)x + \frac{f''(0)}{2}x^2$$
式を整理して
$$f(x) \sim f(0) + f'(0)x + \frac{f''(0)}{2}x^2$$
を得る. この式の右辺は 2 次式 (放物線) であることから, これを**関数の 2 次近似** (second order approximation) という.

例 8.8 $f(x) = \cos x$ の $x = 0$ における 2 次近似を求めてみよう．$f(x) = \cos x$ だから $f'(x) = -\sin x$ で $f''(x) = -\cos x$ であって，$f(0) = 1, f'(0) = -\sin 0 = 0, f''(0) = -\cos 0 = -1$ である．このことから $\cos x \sim 1 + \dfrac{-1}{2}x^2$ を得る．$x = 0.1$ での値を比較してみると，$\dfrac{-1}{2}x^2 + 1$ に $x = 0.1$ を代入して $\dfrac{-1 \cdot 0.1^2}{2} + 1 = 0.995$．ちなみに $\cos 0.1 \sim 0.995004$ なので，これは小数点以下 3 桁程度の近似を得られていることが分かる．ちなみに，関数を比べてみると

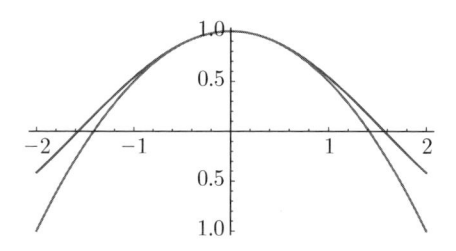

となっている．（上側が $\cos x$ で下側が放物線である．）

注意 8.9 $x = a$ での 2 次近似も同じ方法で求めることができて，

$$f(x) \sim f(a) + f'(a)(x-a) + \frac{f''(a)}{2}(x-a)^2$$

である．剰余項も含めて計算すると，a と x の間にある数 c が存在して，

$$f(x) = f(a) + f'(a)(x-a) + \frac{f''(a)}{2}(x-a)^2 + \frac{f'''(c)}{6}(x-a)^3$$

が得られる．1 次近似の剰余項の求め方と同じように，巧妙に $\varphi(x)$ を設定することによって証明が成功する．そのことは演習に譲ろう．

8.4 テイラーの定理

1 次近似，2 次近似を一般化したものがテイラーの定理である．

命題 8.10 (テイラーの定理 (Taylor's theorem))

関数 $f(x)$ が C^{n+1} 級であるとする．（定義域の内部に含まれる） 任意の定数 a, x に対して，

$$f(x) = f(a) + f'(a)(x-a) + \frac{f''(a)}{2!}(x-a)^2 + \frac{f^{(3)}(a)}{3!}(x-a)^3 + \cdots$$
$$\cdots + \frac{f^{(n)}(a)}{n!}(x-a)^n + R_{n+1}$$

が成り立つ．ただしここで，

$$R_{n+1} = \frac{f^{(n+1)}(c)}{(n+1)!}(x-a)^{n+1} \qquad (c \text{ は } a \text{ と } x \text{ の間にある数})$$

であって，R_{n+1} を剰余項という．

$a = 0$ の場合で考えることが多いので，$a = 0$ を代入した定理も書いておく．

系 8.11 ($a = 0$ のテイラーの定理)

関数 $f(x)$ が 0 を内部に含む定義域において C^{n+1} 級であるとする．任意の x に対して，

$$f(x) = f(0) + f'(0)x + \frac{f''(0)}{2!}x^2 + \cdots + \frac{f^{(n)}(0)}{n!}x^n + R_{n+1}$$

が成り立つ．ただしここで

$$R_{n+1} = \frac{f^{(n+1)}(c)}{(n+1)!}x^{n+1} \qquad (c \text{ は } 0 \text{ と } x \text{ の間にある数})$$

である．

1 次近似を得たのと同じ方法（定数 X と関数 $\varphi(x)$ を巧妙に設定する方法）で n 次近似の剰余項 R_{n+1} を求めれば，テイラーの定理が証明できる．

注意 8.12 剰余項を具体的に求めることは現実的ではない．たとえば，$f(x) = \sin x$ で $x = 0.1, n = 1$ とすると，

$$\sin 0.1 = \sin 0 + (\cos 0) \cdot 0.1 + R_2$$

だが，これを電卓で計算すると $R_2 = -0.0001665833\cdots$ という 0 に近くて半端な数である．

もし $f(x) = e^x, x = 0.1, n = 1$ だとすると，
$$e^{0.1} = 1 + e^0 \cdot 0.1 + R_2$$
だが，これを電卓で計算すると $R_2 = 0.0051709180\cdots$ と求まり，やはり 0 に近くて半端な数だが，sin の時の値とは異なる．この小さくて半端な数を具体的に求めることが重要なのではなく，

（1） n を大きくしたときに R_{n+1} がいくらでも 0 に近づくのか．
（2） n を大きくしたときに R_{n+1} がいくらでも 0 に近づくための x の範囲はどこか．

の 2 点が重要なポイントとなる．このことはべき級数の収束半径の計算である程度は分かるが，剰余項を仔細に観察しないといけない場合も現れる．

例 8.13 $f(x) = \log(1+x)$ の $x = 0$ におけるテイラー展開を求めよ．剰余項 R_{n+1} も求めよう．

$$f(0) = \log(1+0) = 0, \qquad f'(x) = \frac{1}{1+x} \text{ より } f'(0) = \frac{1}{1+0} = 1.$$

$$f''(x) = \frac{-1}{(1+x)^2} \text{ より } \frac{f''(0)}{2!} = \frac{-1}{(1+0)^2} \cdot \frac{1}{2} = -\frac{1}{2}.$$

演習問題 8.4 (147 ページ) より
$$f^{(n)}(x) = \frac{(-1)(-2)\cdots(-n+1)}{(1+x)^n} = \frac{(-1)^{n-1} 1 \cdot 2 \cdots (n-1)}{(1+x)^n}$$
より
$$\frac{f^{(n)}(0)}{n!} = \frac{(-1)^{n-1} 1 \cdot 2 \cdots (n-1)}{(1+0)^n} \cdot \frac{1}{1 \cdot 2 \cdots n} = \frac{(-1)^{n-1}}{n}.$$

以上の計算により，
$$\log(1+x) = x - \frac{1}{2}x^2 + \frac{1}{3}x^3 - \frac{1}{4}x^4 + \cdots + \frac{(-1)^{n-1}}{n}x^n + R_{n+1}$$
である．剰余項は
$$R_{n+1} = \frac{f^{(n+1)}(c)}{(n+1)!}x^{n+1} = \frac{(-1)^n 1 \cdot 2 \cdots (n-1) \cdot n}{(1+c)^n} \cdot \frac{1}{1 \cdot 2 \cdots n \cdot (n+1)}x^{n+1}$$

$$= \frac{(-1)^n}{(n+1)(1+c)^{n+1}} x^{n+1}$$

である．

注意 8.14 $(-1)(-2)\cdots(-n+1) = (-1)^{n-1} 1 \cdot 2 \cdots (n-1)$ のところは，$(-1)(-2)(-3)(-4) = (-1)^4 \cdot 1 \cdot 2 \cdot 3 \cdot 4$ と比べてみれば分かる．

8.5 テイラー展開

これまで出てきたべき級数を思い出そう．どれも大切なテイラー展開の公式に関わっている．

定理 8.15 (テイラー級数の例)

有名なテイラー級数の公式を挙げておく．カッコの中は収束半径である．

$$\frac{1}{1-x} = 1 + x + x^2 + x^3 + \cdots + x^n + \cdots \quad (r=1)$$

$$\frac{1}{(1-x)^2} = 1 + 2x + 3x^2 + 4x^3 + \cdots + (n+1)x^n + \cdots \quad (r=1)$$

$$\sin x = x - \frac{x^3}{3!} + \frac{x^5}{5!} - \frac{x^7}{7!} + \cdots + (-1)^{n-1}\frac{x^{2n-1}}{(2n-1)!} + \cdots \quad (\infty)$$

$$\cos x = 1 - \frac{x^2}{2!} + \frac{x^4}{4!} - \frac{x^6}{6!} + \cdots + (-1)^n \frac{x^{2n}}{(2n)!} + \cdots \quad (\infty)$$

$$\tan x = x + \frac{x^3}{3} + \frac{2x^5}{15} + \frac{17x^7}{315} + \cdots \quad (r=\frac{\pi}{2})$$

$$e^x = 1 + x + \frac{x^2}{2!} + \frac{x^3}{3!} + \frac{x^4}{4!} + \cdots + \frac{x^n}{n!} + \cdots \quad (\infty)$$

$$\log(1+x) = x - \frac{x^2}{2} + \frac{x^3}{3} - \frac{x^4}{4} + \cdots + (-1)^{n-1}\frac{x^n}{n} + \cdots \quad (r=1)$$

$$\sinh x = x + \frac{x^3}{3!} + \frac{x^5}{5!} + \frac{x^7}{7!} + \cdots + \frac{x^{2n-1}}{(2n-1)!} + \cdots \quad (\infty)$$

$$\cosh x = 1 + \frac{x^2}{2!} + \frac{x^4}{4!} + \frac{x^6}{6!} + \cdots + \frac{x^{2n}}{(2n)!} + \cdots \quad (\infty)$$

$$\arctan x = x - \frac{x^3}{3} + \frac{x^5}{5} - \frac{x^7}{7} + \cdots + (-1)^{n-1}\frac{x^{2n-1}}{2n-1} + \cdots \quad (r=1)$$

この定理に現れる式は「公式」として覚えてしまってもよい. (いや, 計算により導出できるよりも, むしろ知識として知っていたほうがいいのではないかとさえ思われる.) 以下はこれらの式の導出方法について実際の計算を載せる.

注意 8.16 剰余項の取り扱いについても注意を述べておこう. テイラーの定理によってべき級数が得られ, そのべき級数の収束半径が求められたならば, 収束半径より内側ではべき級数が収束することから剰余項は 0 に収束することが分かる. $|x| = r$ の場合については, 剰余項が 0 に収束するかどうかを調べなければいけないので, そのような例もいくつか挙げておくことにする.

命題 8.17

$$\frac{1}{(1-x)^2} = 1 + 2x + 3x^2 + 4x^3 + \cdots + (n+1)x^n + \cdots \quad (収束半径\ 1)$$

証明. まず $f(x) = \dfrac{1}{(1-x)^2}$ を $f(x) = (1-x)^{-2}$ と式変形しておく.

$$f'(x) = (1-x)'(-2)(1-x)^{-3} = 2(1-x)^{-3}$$
$$f''(x) = (1-x)'(-3)(1-x)^{-4} = 2 \cdot 3(1-x)^{-4}$$

これらから

$$f^{(n)}(x) = 1 \cdot 2 \cdots n \cdot (n+1)(1-x)^{-n-2} = (n+1)!(1-x)^{-n-2}$$

と予想して, 数学的帰納法で証明する. 実際に $n = 1$ では正しい. $n = k-1$ で $f^{(k-1)}(x) = (k-1+1)!(1-x)^{-(k+1)-2} = (k!)(1-x)^{-k-1}$ と仮定すると,

$$f^{(k)}(x) = (k!) \cdot (1-x)' \cdot (-k-1) \cdot (1-x)^{-k-2} = (k+1)! \cdot (1-x)^{-k-2}$$

となり $n = k$ でも正しいことが示せた. これより

$$f(0) = (1-0)^{-2} = 1, \ f'(0)x = 2!(1-0)^{-3}x = 2x,$$

一般項は

$$\frac{f^{(n)}}{n!}x^n = \frac{(n+1)!(1-0)^{-n-2}}{n!}x^n = (n+1)x^n$$

となり

$$\frac{1}{(1-x)^2} = 1 + 2x + 3x^2 + 4x^3 + \cdots + (n+1)x^n + \cdots$$

が示せた．収束半径については，べき級数としての係数が $a_n = n+1$ であることから，

$$\lim_{n \to \infty} \frac{a_n}{a_{n+1}} = \lim_{n \to \infty} \frac{n}{n+1} = 1$$

となり，収束半径が 1 であることが示される． □

命題 8.18

$$\sin x = x - \frac{x^3}{3!} + \frac{x^5}{5!} - \frac{x^7}{7!} + \cdots + (-1)^{n-1}\frac{x^{2n-1}}{(2n-1)!} + \cdots \quad (\text{収束半径 } \infty)$$

証明． $f(x) = \sin x$ とすると，$f(0) = \sin 0 = 0$,

$f'(x) = (\sin x)' = \cos x$ より $f'(0)x = (\cos 0)x = x$,

$f''(x) = (\sin x)'' = -\sin x$ より $\dfrac{f''(0)}{2!}x^2 = \dfrac{-\sin 0}{2}x^2 = 0$,

$f'''(x) = (\sin x)''' = -\cos x$ より $\dfrac{f'''(0)}{3!}x^3 = \dfrac{-\cos 0}{3!}x^2 = -\dfrac{x^3}{3!}$,

$f^{(4)}(x) = (\sin x)^{(4)} = \sin x$ より $\dfrac{f^{(4)}(0)}{4!}x^4 = \dfrac{\sin 0}{4!}x^4 = 0$

と続く．$(\sin x)^{(4)} = \sin x$ より，$f^{(n)}(0)$ は $0, 1, 0, -1$ の 4 つの数字を繰り返すので，偶数次数の項はすべて 0 であり，奇数次数の項は $x, -\dfrac{x^3}{3!}, +\dfrac{x^5}{5!}, -\dfrac{x^7}{7!}, -\dfrac{x^9}{9!}$ と符号を交互に繰り返す形であることが分かる．

このことより，一般項は

$$A_n = (-1)^{n-1}\frac{x^{2n-1}}{(2n-1)!} \quad \left(\text{係数は } a_n = (-1)^{n-1}\frac{1}{(2n-1)!}\right)$$

であり，収束半径は

$$\lim_{n \to \infty} \left|\frac{a_n}{a_{n+1}}\right| = \left|\frac{\frac{(-1)^{n-1}}{(2n-1)!}}{\frac{(-1)^n}{(2(n+1)-1)!}}\right| = \lim_{n \to \infty} 2n(2n+1) = \infty$$

であることが分かる． □

命題 8.19

$$\tan x = x + \frac{x^3}{3} + \frac{2x^5}{15} + \frac{17x^7}{315} + \cdots$$

証明. 3 次の項までの計算を載せる．$f(x) = \tan x$ とすれば，$f(0) = 0$

$f'(x) = \dfrac{1}{\cos^2 x}$ より, $f'(0)x = \dfrac{1}{\cos^2 0}x = x,$

$f''(x) = \left(\dfrac{1}{\cos^2 x}\right)' = \dfrac{-2\cos x \sin x}{\cos^4 x} = \dfrac{2\sin x}{\cos^3 x}$ より, $\dfrac{f''(0)}{2!}x^2 = 0,$

$f'''(x) = \left(\dfrac{2\sin x}{\cos^3 x}\right)' = \dfrac{2((\sin x)'\cos^3 x - \sin x(\cos^3 x)')}{\cos^6 x} = \dfrac{2}{\cos^2 x} + \dfrac{6\sin^2 x}{\cos^4 x}$

より, $f'''(0) = \dfrac{2}{1^2} + \dfrac{6 \cdot 0^2}{1^4} = 2$ であって, $\dfrac{f'''(0)}{3!}x^3 = \dfrac{2x^3}{3!} = \dfrac{x^3}{3}$ である．

同じように, $\dfrac{f^{(4)}(0)}{4!}x^4 = 0,\ \dfrac{f^{(5)}(0)}{5!}x^5 = \dfrac{2x^5}{15}$ を示すことができる．$\tan x$ のテイラー展開の項の一般項を求めると，ベルヌーイ数とよばれる数列 $\{B_n\}$ を用いて表せることが知られている．問題として章末演習に紹介しておく．

一般項を書き表せていないので，この計算だけから収束半径を求められないが，$\pi/2$ であることが知られている． □

命題 8.20

$$e^x = 1 + x + \frac{x^2}{2!} + \frac{x^3}{3!} + \frac{x^4}{4!} + \cdots + \frac{x^n}{n!} + \cdots \qquad (収束半径 \infty)$$

証明. $f(x) = e^x$ とすれば，$f(0) = e^0 = 1,\ f'(x) = e^x$ より, $f'(0)x = e^0 \cdot x = x,\ f^{(n)}(x) = e^x$ より, $\dfrac{f^{(n)}(0)}{n!}x^n = \dfrac{e^0}{n!}x^n = \dfrac{x^n}{n!}$ となる．

以上より，一般項は $\dfrac{x^n}{n!}$ であって，

$$e^x = 1 + x + \frac{x^2}{2!} + \frac{x^3}{3!} + \frac{x^4}{4!} + \cdots + \frac{x^n}{n!} + \cdots$$

が得られる．一般項の係数は $a_n = \dfrac{1}{n!}$ であるから，収束半径は

$$r = \lim_{n\to\infty} \left|\frac{a_n}{a_{n+1}}\right| = \frac{\frac{1}{n!}}{\frac{1}{(n+1)!}} = \lim_{n\to\infty} n+1 = \infty$$

であることが分かる． □

注意 8.21 ネイピア数 e の定義の 1 つに

$$e = 1 + \frac{1}{1!} + \frac{1}{2!} + \frac{1}{3!} + \frac{1}{4!} + \cdots + \frac{1}{n!} + \cdots$$

というのがあったが，これは e^x のテイラー展開に $x=1$ を代入したものである．

命題 8.22

$$\log(1+x) = x - \frac{x^2}{2} + \frac{x^3}{3} - \frac{x^4}{4} + \cdots + (-1)^{n-1}\frac{x^n}{n} + \cdots$$

証明． この式は例 8.13 で計算したものと同じであり，収束半径は $r=1$ である．(例 7.37 で計算済み．)

発展的な話題だが，この問題の場合，$x=1$ における級数の計算をすることができる．実際に，

$$\lim_{n\to\infty} |R_{n+1}| = \lim_{n\to\infty} \left|\frac{(-1)^n 1^{n+1}}{(n+1)(1+c)^{n+1}}\right| \le \lim_{n\to\infty} \frac{1}{(n+1)} = 0$$

という計算から，$n \to \infty$ で剰余項 R_{n+1} が 0 に収束する．すなわち，$x=1$ でこのべき級数は収束し，

$$1 - \frac{1}{2} + \frac{1}{3} - \frac{1}{4} + \cdots + (-1)^{n-1}\frac{1}{n} + \cdots = \log(1+1) = \log 2$$

となる． □

命題 8.23

$$\arctan x = x - \frac{x^3}{3} + \frac{x^5}{5} - \frac{x^7}{7} + \cdots + (-1)^{n-1}\frac{x^{2n-1}}{2n-1} + \cdots$$

$$\text{(収束半径は } r=1\text{)}$$

証明. テイラー展開

$$\arctan x = x - \frac{x^3}{3} + \frac{x^5}{5} - \frac{x^7}{7} + \cdots + (-1)^{n-1}\frac{x^{2n-1}}{2n-1} + \cdots$$

は演習 8.9 に譲る．一般項 $(-1)^{n-1}\dfrac{x^{2n-1}}{2n-1}$ の係数が $a_n = \dfrac{(-1)^{n-1}}{2n-1}$ であるから，これから収束半径を求めると，

$$r = \lim_{n\to\infty}\left|\frac{a_n}{a_{n+1}}\right| = \lim_{n\to\infty}\left|\frac{\frac{(-1)^{n-1}}{2n-1}}{\frac{(-1)^n}{2(n+1)-1}}\right| = \lim_{n\to\infty}\frac{2n+1}{2n-1} = 1$$

より，収束半径が $\sqrt{1} = 1$ であることが示せる． □

$\arctan x$ のテイラー展開において，$x = \pm 1$ の場合も興味深い結論を得ることができる．$\arctan x$ の剰余項を求めることは容易ではないが，できないことはない．その結果として，$n \to \infty$ で剰余項が 0 へ収束することが示される．すなわち次の式を得る．

命題 8.24

$$\frac{\pi}{4} = \arctan 1 = 1 - \frac{1}{3} + \frac{1}{5} - \frac{1}{7} + \cdots + (-1)^{n-1}\frac{1}{2n-1} + \cdots$$

この証明は演習に譲ることにする．

テイラー展開を関数の収束に応用することが可能である．次の例はその典型であるが，テイラー展開の形から極限の値がすぐに求められることも多い．

例 8.25 $\displaystyle\lim_{x\to 0}\frac{\sin x - x}{x^3} = -\frac{1}{6}$ をテイラー展開から検証してみよう．

テイラー展開より，$\sin x = x - \dfrac{x^3}{3!} + \dfrac{x^5}{5!} - \dfrac{x^7}{7!} + \cdots$ である．そこで，この式を代入すると，

$$\lim_{x\to 0}\frac{\sin x - x}{x^3} = \lim_{x\to 0}\frac{\left(x - \dfrac{x^3}{3!} + \dfrac{x^5}{5!} - \dfrac{x^7}{7!} + \cdots\right) - x}{x^3}$$

$$= \lim_{x \to 0} \frac{\left(-\frac{x^3}{3!} + \frac{x^5}{5!} - \frac{x^7}{7!} + \cdots\right)}{x^3} = \lim_{x \to 0} \left(-\frac{1}{3!} + \frac{x^2}{5!} - \frac{x^4}{7!} + \cdots\right) = -\frac{1}{6}$$

となる．このべき級数では，$x^5/5!$ 以降の項は x の 5 次以上ばかりが現れるが，$x \to 0$ で考えているので，5 次以上のところは 0 になってしまう．

8.6 項別微分，項別積分

テイラーの定理などで求まったべき級数について，べき級数全体を微分したり積分した場合，べき級数はどうなるだろうか．このことについて，次の定理が知られている．

定理 8.26 (項別微分，項別積分)

(1) $f(x) = \sum\limits_{n=1}^{\infty} a_n x^n$ の収束半径が r であるとき，$-r < x < r$ の範囲で

$$f'(x) = \sum_{n=1}^{\infty} n a_n x^{n-1}$$

である．これを項別微分という．

(2) $f(x) = \sum\limits_{n=1}^{\infty} a_n x^n$ の収束半径が r であるとするとき，$-r < a, b < r$ の範囲で

$$\int_a^b f(x)\, dx = \sum_{n=1}^{\infty} \left[\frac{1}{n+1} a_n x^{n+1}\right]_a^b$$

である．これを項別積分という．

この定理の証明はこの教科書の範囲外である．たとえば桂田祐史・佐藤篤之著『力のつく微分積分』の 6.15 節にその証明がある．ここではあらすじのみを述べよう．まず，各項を微分積分したものの収束半径が r であることを示す．(このことは演習問題 8.15 で取り組める．) その後，(2) のほうを先に証明する．$-r < a, b < r$ としておくと，各項積分したものが収束することから，十分大きな番号 (N 番) 以降

の(絶対値の)和は 0 に近い. 一方で, $\int_a^b \sum_{n=1}^N a_n x^n \, dx = \sum_{n=1}^N \left[\frac{1}{n+1} a_n x^{n+1} \right]_a^b$
はいかなる N についても成り立っているので, $N \to \infty$ という極限を考えれば, 項別積分の式が得られる.(実際の証明は「どれほどきちんと収束しているか」などを調べなければいけないので, 専門的である.) (1) のほうは, $\int_a^x f'(t) \, dt = f(x)$ という公式と (2) を組み合わせれば分かる.

例 8.27 公比が $-x$ であるような等比級数は
$$\frac{1}{1+x} = 1 - x + x^2 - x^3 + \cdots$$
で得られ, その収束半径は 1 である. この両辺を 0 から x まで項別積分すると, ただちに
$$\int_0^x \frac{1}{1+x} \, dx = x - \frac{1}{2}x^2 + \frac{1}{3}x^3 - \frac{1}{4}x^4 + \cdots$$
が得られるが, 左辺を計算すると
$$\log(1+x) = x - \frac{1}{2}x^2 + \frac{1}{3}x^3 - \frac{1}{4}x^4 + \cdots$$
が得られる. 収束半径は 1 である.

例 8.28 公比が $-x^2$ であるような等比級数は
$$\frac{1}{1+x^2} = 1 - x^2 + x^4 - x^6 + \cdots$$
で得られ, その収束半径は 1 である. この両辺を 0 から x まで項別積分すると, ただちに
$$\int_0^x \frac{1}{1+t^2} \, dt = x - \frac{1}{3}x^3 + \frac{1}{5}x^5 - \frac{1}{7}x^7 + \cdots$$
が得られるが, 左辺を計算すると
$$\arctan x = x - \frac{1}{3}x^3 + \frac{1}{5}x^5 - \frac{1}{7}x^7 + \cdots$$
が得られる. 収束半径は 1 である.

◆ 章末問題 A ◆

演習問題 8.1 （1） $f(x) = \sin(ax)$ について $f^{(n)}(x)$ を求めよ．
（2） $f(x) = \log x$ について $f^{(n)}(x)$ を求めよ．
（3） $f(x) = e^{ax}$ について $f^{(n)}(x)$ を求めよ．

演習問題 8.2 $f(x), g(x)$ が C^n 級のとき，
$$(f(x)g(x))^{(n)} = f^{(n)}(x)g(x) + {}_nC_1 f^{(n-1)}(x)g'(x) + {}_nC_2 f^{(n-2)}(x)g''(x) + \cdots$$
$$+ f(x)g^{(n)}(x)$$
であることを，数学的帰納法により証明せよ．

演習問題 8.3 $f(x) = \sqrt{1+x}$ の n 階導関数が $2 \leq n$ に対して
$$f^{(n)}(x) = \frac{(-1)^{n-1} 1 \cdot 3 \cdots (2n-3)}{2^n} (1+x)^{-(2n-1)/2}$$
であることを数学的帰納法によって証明せよ．

演習問題 8.4 $f(x) = \log(1+x)$ について
$$f^{(n)}(x) = \frac{(-1) \cdot (-2) \cdots (-n+1)}{(1+x)^n} \qquad (2 \leq n)$$
を示せ．

演習問題 8.5 $f(x) = e^x$ の一次近似の式を書いて，$e^{0.1}$ の 1 次近似を求めよ．ちなみに，$e^{0.1} \sim 1.10517$ である．

演習問題 8.6 $\dfrac{\pi}{3} \sim 1$ であることを利用して，$\sin 1$ の概数 (1 次近似) を求めよ．

◆ 章末問題 B ◆

演習問題 8.7 （1） 関数 f が無限階微分可能かつ偶関数 ($f(x) = f(-x)$ を満たす関数) のとき，$f^{(2k-1)}(0) = 0$ $(k = 1, 2, \cdots)$ であることを証明せよ．
（2） 関数 f が無限階微分可能かつ奇関数 ($f(x) = -f(-x)$ を満たす関数) のとき，$f^{(2k)}(0) = 0$ $(k = 1, 2, \cdots)$ であることを証明せよ．

演習問題 8.8 ライプニッツの公式に 2 項係数 ${}_nC_k$ が出てくる理由を (2 通り以上の方法で) 説明せよ．

演習問題 8.9 （1） $f(x) = \arctan x$ とする．$f'(x)(x^2+1) = 1$ であることを用いて，$f^{(n)}(x)$ に関する漸化式
$$(x^2+1)f^{(n+1)}(x) = -2nxf^{(n)}(x) - n(n-1)f^{(n-1)}(x)$$
を示せ．

（2） 一般の n について $f^{(n)}(0)$ を求めよ．

（3） $f(x) = \arctan x$ の $x = 0$ におけるテイラー展開を求めよ．剰余項の具体的な式は求めなくともよい．結論を述べると
$$\arctan x = x - \frac{x^3}{3} + \frac{x^5}{5} - \cdots + (-1)^k \frac{x^{2k+1}}{2k+1} + R_{2k+2}$$
である．

演習問題 8.10 $f(x) = \sin x$ の 3 次近似を求め，$\sin 0.1$ の概数を求めよ．

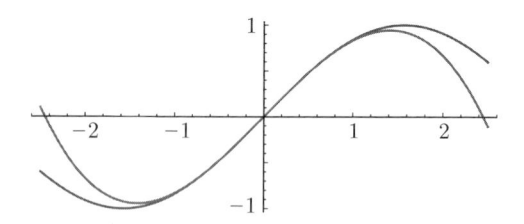

演習問題 8.11 $S = 1 + 2x + 3x^2 + 4x^3 + \cdots + (n+1)x^n + \cdots$ が収束するような x について，S と xS と比較することにより S を求めよ．

演習問題 8.12 $f(x) = (\arcsin x)^2$ としよう．

（1） $(1-x^2)(f'(x))^2 = 4f(x)$ を示せ．

（2） $(1-x^2)f''(x) - xf'(x) = 2$ を証明せよ．

（3） $f^{(n+2)}(0) = n^2 f^{(n)}(0)$ $(n = 1, 2, \cdots)$ を示せ．

（4） $f(x)$ のテイラー級数は
$$f(x) = x^2 + \frac{x^4}{3} + \frac{8x^6}{45} + \frac{4x^8}{35} + \cdots + \frac{2 \cdot (2 \cdot 4 \cdot 6 \cdots (2n-2))^2}{(2n)!} x^{2n} + \cdots$$
であることを示せ．

（5） $f\left(\frac{1}{2}\right) = \left(\arcsin \frac{1}{2}\right)^2 = \left(\frac{\pi}{6}\right)^2$ を用いて，π^2 の近似値を計算してみよ．

（この計算は 18 世紀に江戸時代の和算家の建部賢弘が円周率を求めるのに利用した計算である．建部が求めた概数は $\pi^2 \sim 9.869604401$ である．）

演習問題 8.13 (オイラーの公式) e^x のテイラー展開を用いて，$e^{xi} = \cos x + (\sin x)i$ を証明せよ．これをオイラーの公式という．

演習問題 8.14 $\sinh x = x + \dfrac{x^3}{3!} + \dfrac{x^5}{5!} + \dfrac{x^7}{7!} + \cdots + \dfrac{x^{2n-1}}{(2n-1)!} + \cdots$ （収束半径は ∞）を示せ．

演習問題 8.15 （1） $f(x) = \sum\limits_{n=1}^{\infty} a_n x^n$ の収束半径が r であるとするとき，$\sum\limits_{n=1}^{\infty} n a_n x^{n-1}$ の収束半径も r であることを示せ．

（2） $f(x) = \sum\limits_{n=1}^{\infty} a_n x^n$ の収束半径が r であるとするとき，$\sum\limits_{n=1}^{\infty} \dfrac{1}{n+1} a_n x^{n+1}$ の収束半径も r であることを示せ．

◆章末問題 C ◆

演習問題 8.16 1 次近似の剰余項 R_2 を求めるのに次のように考えた．しかし，これは厳密さに欠ける部分がある．それはどこか考えよ．

$a < x$ とする．1 階導関数 $f'(x)$ について平均値の定理を用いると，ある $a < c < x$ を満たす実数 c であって，$f''(c) = \dfrac{f'(x) - f'(a)}{x - a}$ を満たすものが存在する．この式を整頓すると

$$f'(x) = f'(a) + f''(c)(x - a)$$

であるが，この両辺を a から x まで積分すると

$$\int_a^x f'(t)\,dt = \int_a^x f'(a)\,dt + \int_a^x f''(c)(t - a)\,dt$$

$$f(x) - f(a) = f'(a)(x - a) + \frac{1}{2}f''(c)(x - a)^2$$

であるので，これを整理すると

$$f(x) = f(a) + f'(a)(x - a) + \frac{f''(c)}{2}(x - a)^2$$

となり，誤差の部分は $R_2 = \dfrac{f''(c)}{2}(x-a)^2$ (ただし c は $a < c < x$ を満たす定数)と表されることが分かる．$x < a$ の場合にも同じ議論を行うことができる．

演習問題 8.17 (1) $x = a$ での2次近似
$$f(x) \sim f(a) + f'(a)(x-a) + \frac{f''(a)}{2}(x-a)^2$$
を導出せよ．

(2) 誤差項も含めた計算
$$f(x) = f(a) + f'(a)(x-a) + \frac{f''(a)}{2}(x-a)^2 + \frac{f'''(c)}{6}(x-a)^3$$
を導出せよ．(c は a と x の間にある数．)

演習問題 8.18 1次近似を得たのと同じ方法で n 次近似を求めれれば，テイラーの定理が証明できる．定数 X と関数 $\varphi(x)$ を巧妙に設定し，実際に証明してみよ．

演習問題 8.19 (ベルヌーイ数 (Bernoulli number)) (1) $\dfrac{x}{e^x - 1}$ のテイラー展開を x^4 の項まで求めよ．$\dfrac{x}{e^x - 1} = B_0 + B_1 x + \dfrac{B_2}{2!}x^2 + \dfrac{B_3}{3!}x^3 + \cdots$ と表したときの B_n をベルヌーイ数という．(ヤコブ・ベルヌーイによる．)

(2) $\dfrac{x}{e^x - 1} - B_0 - B_1 x$ が偶関数 ($f(-x) = f(x)$ を満たす関数) であることを示せ．このことから n が3以上の奇数のときにはベルヌーイ数 $B_{2k+1} = 0$ ($k = 1, 2, 3, \cdots$) であることを示せ．

演習問題 8.20 $x \cot x = \dfrac{x \cos x}{\sin x}$ のテイラー展開を次の手順で求めよ．

(1) $\dfrac{t}{e^t - 1} = 1 - \dfrac{t}{2} + \displaystyle\sum_{n=1}^{\infty} \dfrac{B_{2n}}{(2n)!} t^{2n}$ であることを前提にして，$\dfrac{t}{e^t - 1} + \dfrac{t}{2}$ を計算し，$2s = t$ とおいて s の式にせよ．これを $\coth s = \dfrac{e^s + e^{-s}}{e^s - e^{-s}}$ を用いた式で表せ．

(2) $s = xi$ (i は虚数単位) とおくと，$\coth(xi) = -i \cot(x)$ という公式が成り立つことから，$x \cot(x)$ に関するべき級数展開

$$x \cot x = \sum_{n=0}^{\infty} (-1)^n \frac{2^{2n} B_{2n}}{(2n)!} x^{2n}$$

を示せ.

演習問題 8.21 ベルヌーイ数を用いて $\tan x$ のテイラー展開が表せることを示そう. 以下の問いに答えよ.

（1） $\dfrac{t}{e^t - 1} = 1 - \dfrac{t}{2} + \sum_{n=1}^{\infty} \dfrac{B_{2n}}{(2n)!} t^{2n}$ であることを前提にして $t = 2s$ としたときの式と, $t = 4s$ としたときの式をそれぞれ書いてみよ.

（2） $\tanh s = \dfrac{\sinh s}{\cosh s} = \dfrac{e^{2s} - 1}{e^{2s} + 1} = 1 - \dfrac{2(e^{2s} + 1) - 4}{e^{4s} - 1}$ という式変形を用いて, $\tanh s$ のべき級数展開を求めよ.

（3） $s = xi$（i は虚数単位）を代入し, $\tanh(xi) = i \tan(x)$ を用いることにより $\tan x$ のべき級数展開

$$\tan x = \sum_{n=1}^{\infty} \frac{B_{2n}(-4)^n(1 - 4^n)}{(2n)!} x^{2n-1}$$

を証明せよ.

演習問題 8.22 $\dfrac{\pi}{4} = \arctan 1 = 1 - \dfrac{1}{3} + \dfrac{1}{5} - \dfrac{1}{7} + \cdots + (-1)^{n-1} \dfrac{1}{2n-1} + \cdots$ を示せ. そのためには $\arctan x$ のテイラー展開の剰余項 R_{n+1} が 0 へ収束することを示さなければならない. 剰余項を直接求めるのは難しいので, 項別積分を用いる. 以下の問いに答えよ.

（1） $\dfrac{1}{1 + x^2} = 1 - x^2 + x^4 - x^6 + \cdots + (-1)^n x^{2n} + R'_{n+1}$

とおいたとき, R'_{n+1} を x の式で表せ.（ヒント：微分は使わない.）

（2） （1）の両辺を 0 から x まで積分することにより, $\arctan x$ の剰余項 R_{n+1} を積分の形で求めよ.（この積分の計算をする必要はない.）

（3） （2）により求めた積分において, $x = 1$ を代入し $n \to \infty$ における極限を求めよ.（ヒント：分母が 1 以上であることを利用せよ.）

演習問題 8.23 $\dfrac{1}{1-x} = 1 + x + x^2 + x^3 + \cdots$ の右辺は明らかに $x = -1$ では収束しない. 一方で, 左辺は $x = -1$ を代入することができて $\dfrac{1}{2}$ である. このギャップを, 剰余項を評価することにより説明せよ.

第 9 章

多変数関数の極限，偏微分

9.1 多変数関数の極限

定義 9.1 (多変数関数) $f(x,y) = x^2 + y^2$ や $g(x,y,z) = x + y + z - 1$ のように，2 つ以上の変数に対して値が決まるような関数のことを多変数関数という．2 つの変数に対して値が決まるような関数を 2 変数関数という．

2 変数の場合，$f(x,y)$ が定まる (x,y) の範囲を定義域という．定義域は座標平面 $\mathbb{R}^2 = \{(x,y) \mid x,y \in \mathbb{R}\}$ の部分集合になる．

例 9.2
$$f(x,y) = \begin{cases} \dfrac{x^3 + y^3}{x^2 + y^2} & ((x,y) \neq (0,0)) \\ 0 & ((x,y) = (0,0)) \end{cases}$$

は任意の (x,y) に対して $f(x,y)$ の値が決まるので，$\mathbb{R}^2$ を定義域とする 2 変数関数の例であるといえる．(x,y) が $(0,0)$ でないときには上の式を，$(0,0)$ のときには 0 であると定めている．

2 変数関数についても極限を考えることができるが，1 変数のときとは状況が異なる．普通の (1 変数) 関数のときには，「右から考えた極限」と「左から考えた極限」を考えて，もしそれが存在しなかったり異なったりしたら全体としての極限も存在しない，と判断された．今度は (x,y) が (a,b) に近いときに $f(x,y)$ が値 z_0 に近い，という条件を考えなければならない．このことから (x,y) が (a,b) に近いとはどういうことかを定めなければならない．

定義 9.3 (平面上の 2 点が近い) 閾値 $\delta > 0$ で (x,y) が (a,b) に近いとは $\|(x,y) - (a,b)\| < \delta$ であることとする．

ただし $\|(x,y) - (a,b)\| = \sqrt{(x-a)^2 + (y-b)^2}$ であるとする．

この定義により，平面上の 2 点が近いということを平面上の距離が小さいということで定めたことになる．そこで，2 変数関数の収束・極限を，1 変数のときと同じように定めることができる．

定義 9.4 (2 変数関数の極限) 2 変数関数 $f(x,y)$ の (a,b) への極限が z_0 であるとは，

> 任意の正の数 $\varepsilon > 0$ に対して，$(x,y)\,(\neq (a,b))$ が (a,b) に近いならば $f(x,y)$ と z_0 とが ε で近い

ことであると定義し，これを $\displaystyle\lim_{(x,y)\to(a,b)} f(x,y) = z_0$ と書く．

もっとも，この定義は厳密を期するためのものであって，実用上は次のように考えれば十分である．$x = a + r\cos\theta, y = b + r\sin\theta$ とおけば，

$$\|(x,y) - (a,b)\| < \delta \iff r < \delta$$

と書き直すことができることに注意しよう．

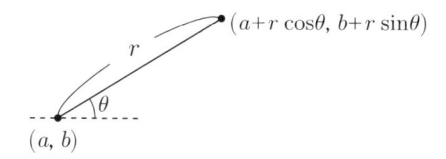

このことから，次の命題が成立する．

命題 9.5

$x = a + r\cos\theta, y = b + r\sin\theta$ とおいて，

$$\lim_{r\to 0} f(a + r\cos\theta, b + r\sin\theta) = z_0$$

ならば，$\displaystyle\lim_{(x,y)\to(a,b)} f(x,y) = z_0$ である．

ここで，$\displaystyle\lim_{r\to 0} f(a + r\cos\theta, b + r\sin\theta) = z_0$ という式は θ の値によらずに右辺が定まるということを暗黙のうちに要請している．以下に収束する例と収束しない例を見てみよう．

例 9.6　$f(x,y) = x+y+1$, $(a,b) = (0,0)$ とすると,
$$\lim_{r \to 0} f(a + r\cos\theta, b + r\sin\theta) = \lim_{r \to 0} (r\cos\theta) + (r\sin\theta) + 1$$
$$= 0 + 0 + 1 = 1$$

つまり (x,y) に (a,b) を代入できるときにはそのまま代入すればよい．これは 1 変数関数の連続性のところ（命題 1.18）で確認したことと同じである．

例 9.7　$f(x,y) = \dfrac{2x^2 + y^2}{x^2 + 2y^2}$, $(a,b) = (0,0)$ とすると,
$$\lim_{r \to 0} f(a + r\sin\theta, b + r\cos\theta) = \lim_{r \to 0} \frac{2(r\cos\theta)^2 + (r\sin\theta)^2}{(r\cos\theta)^2 + 2(r\sin\theta)^2}$$
$$= \frac{2(\cos\theta)^2 + (\sin\theta)^2}{(\cos\theta)^2 + 2(\sin\theta)^2}$$

これは $\lim_{r \to 0}$ を考えたときに θ が残る式となってしまうので「収束しない＝極限は存在しない」ということになる．このことは次のようにしても分かる．

たとえば $(x,y) = (0.01, 0)$ だと，$f(0.01, 0) = \dfrac{2 \cdot 0.01^2 + 0^2}{0.01^2 + 2 \cdot 0^2} = 2$ であるが,
$$(x,y) = (0, 0.01) \text{ だと}, f(0, 0.01) = \frac{2 \cdot 0^2 + 0.01^2}{0^2 + 2 \cdot 0.01^2} = \frac{1}{2},$$
$$(x,y) = (0.01, 0.01) \text{ だと}, f(0.01, 0.01) = \frac{2 \cdot 0.01^2 + 0.01^2}{0.01^2 + 2 \cdot 0.01^2} = 1$$

となり, $(0,0)$ に近い (x,y) であっても, $f(x,y)$ が特定の 1 つの値に近づいていかないことが分かる．このことと, $\lim_{r \to 0}$ を考えたときに θ が残る式となることは同値である．

例 9.8　$f(x,y) = \dfrac{x^3 + y^3}{x^2 + y^2}$, $(a,b) = (0,0)$ とすると,
$$\lim_{(x,y) \to (a,b)} f(x,y) = \lim_{(x,y) \to (a,b)} \frac{x^3 + y^3}{x^2 + y^2}$$
$$= \lim_{r \to 0} \frac{(r\cos\theta)^3 + (r\sin\theta)^3}{(r\cos\theta)^2 + (r\sin\theta)^2}$$
$$= \lim_{r \to 0} \frac{r^3(\cos^3\theta + \sin^3\theta)}{r^2}$$
$$= \lim_{r \to 0} r(\cos^3\theta + \sin^3\theta) = 0$$

である．したがって，極限は存在して値は 0 であることが分かる．このように，直接代入できないが，r, θ を用いて書き直し，$\lim_{r \to 0}$ を考えることにより極限を求められることもある．

定義 9.9 (2 変数関数の連続)（1） 2 変数関数 $f(x, y)$ が (a, b) において連続であるとは，
$$\lim_{(x,y) \to (a,b)} f(x, y) = f(a, b)$$
となることとする．

（2） 2 変数関数 $f(x, y)$ が連続であるとは，
$$\text{任意の } (a, b) \text{ に対して} \lim_{(x,y) \to (a,b)} f(x, y) = f(a, b)$$
となることとする．

命題 9.10 (2 変数関数の連続性)

x, y の整式(多項式)で表わされる関数や，分数関数，無理関数，三角関数，指数関数，対数関数などについては，定数 (a, b) が $f(x, y)$ の定義域内の値であれば，$\lim_{(x,y) \to (a,b)} f(x, y) = f(a, b)$ である．

例 9.11 $f(x, y) = \begin{cases} \dfrac{x^3 + y^3}{x^2 + y^2} & ((x, y) \neq (0, 0) \text{ のとき}) \\ 0 & ((x, y) = (0, 0) \text{ のとき}) \end{cases}$ は連続関数だろうか？

$(a, b) \neq (0, 0)$ のときをまず考えると，これは分数関数であるので，連続であるといってよい．つまりこれは「そのまま代入して値を求められる場合」になる．$(a, b) = (0, 0)$ のときを考えると，以前に求めた計算より，
$$\lim_{(x,y) \to (0,0)} f(x, y) = 0, \quad f(0, 0) = 0$$
が成り立つので $(0, 0)$ において連続であることがいえる．

以上より，$(a, b) = (0, 0)$ の場合も含めて $f(x, y)$ は任意の (a, b) について連続であることが示された．

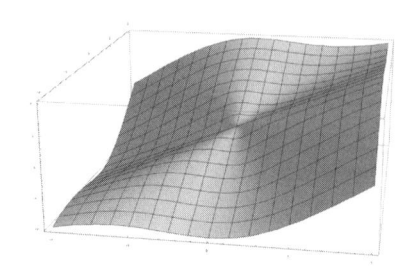

つぶやき

この証明を学生に書かせると数名に一人の割合で，

$$\lim_{(x,y)\to(0,0)} f(x,y) = f(0,0) = 0$$

と書くのであるが，これはひどい勘違いである．$f(0,0) = 0$ は $f(x,y)$ の定義により与えられている条件，$\lim_{(x,y)\to(0,0)} f(x,y) = 0$ は命題 9.5 を用いて示されることである．以上を用いて，

$$\lim_{(x,y)\to(0,0)} f(x,y) = f(0,0) \;:\; (a,b) = (0,0)$$

における連続が示されるのである．$\lim_{(x,y)\to(0,0)} f(x,y) = f(0,0) = 0$ が説明の手順を無視した書き方であることを十分に認識してほしいと思う．

9.2 偏微分

この節では多変数関数の偏微分について紹介する．偏微分とは変数が 2 つ以上ある関数について「特定の 1 つの変数について微分する」という意味である．たとえば 2 変数の $f(x,y)$ という関数を考えているとして，x についての偏微分といったら「y を定数だと思って x について微分する」という意味にほかならない．

定義 9.12 (偏微分係数 (partial derivative)) 2 変数関数 $f(x,y)$ と平面上の点 (a,b) に対して，

$$\frac{\partial}{\partial x}f(a,b) = \lim_{h\to 0}\frac{f(a+h,b)-f(a,b)}{h} \text{ を } x \text{ による偏微分係数，}$$

$$\frac{\partial}{\partial y}f(a,b) = \lim_{h\to 0}\frac{f(a,b+h)-f(a,b)}{h} \text{ を } y \text{ による偏微分係数，}$$

という．

引き続き偏導関数も定義しよう．

定義 9.13 (**偏導関数** (partial derivative))　定義域に含まれる (x,y) について偏微分係数を考えたものは (x,y) の関数と見なせる．これを偏導関数という．つまり，

$$\frac{\partial}{\partial x}f(x,y) = \lim_{h \to 0}\frac{f(x+h,y)-f(x,y)}{h}\text{ を }x\text{ による偏導関数},$$

$$\frac{\partial}{\partial y}f(x,y) = \lim_{h \to 0}\frac{f(x,y+h)-f(x,y)}{h}\text{ を }y\text{ による偏導関数},$$

という．

偏微分係数，偏導関数は $\frac{\partial}{\partial x}f(x,y)$ のほか，$\frac{\partial f}{\partial x}(x,y), f_x(x,y)$ (y については $\frac{\partial f}{\partial y}(x,y), f_y(x,y)$) とも書き表す．

> **つぶやき**
>
> 偏導関数を求めることを偏微分するという．記号には $\frac{\partial f}{\partial x}$ のように d のようではあるが d ではない記号を用いる．筆者はこの記号 ∂ を「デル」や「ラウンド・ディー」とよんでいるがけっこう煩わしい．
>
> ところで，$\frac{df}{dx}$ と $\frac{\partial f}{\partial x}$ の区別であるが，これは単に f が 1 変数関数なのか，多変数関数なのか，という違いだけである．同じ記号を用いても別に困らないと昔から思ってはいるが，長年区別されて使われているので直しようはないようだ．

例 9.14　$f(x,y) = x^2 + 2xy + 3y^2$ とすると，$\frac{\partial}{\partial x}f(x,y) = 2x + 2y$ である．偏導関数の定義より，y を定数とみなして，x についてだけ微分したものが偏導関数であるので，$f(x,y) = x^2 + 2xy + 3y^2$ の場合だと，x^2 を微分して $2x$ に，$2xy$ は y を定数と思えば，(定数) $\times x$ の形なので x で微分して $2y$ に，y^2 は定数とみなすので 0 になり，総和は $2x + 2y$ になる．

一方で $\frac{\partial}{\partial y}f(x,y) = 2x + 6y$ である．今度は x を定数とみなして y についてだけ微分したものが y に関する偏導関数である．

つぶやき

最初は「y を定数と見なして x について微分する」というのが計算しづらいかもしれない．そういう人は，慣れるまでは $f(x,a)$ (a は定数) のように考えて，x でいつもどおり微分すればよい．そうすると，

$$\frac{d}{dx}(x^2 + 2xa + 3a^2) = 2x + 2a$$

であって，$y = a$ とおいたことから $2x + 2y$ を得る．要するに，a は定数と見なす習慣があるが，y はそういう習慣がない，というだけの問題なのである．

例 9.15 $f(x,y) = \begin{cases} \dfrac{x^3 + y^3}{x^2 + y^2} & ((x,y) \neq (0,0) \text{ のとき}) \\ 0 & ((x,y) = (0,0) \text{ のとき}) \end{cases}$ のように，(x,y) の場合分けによって $f(x,y)$ が定義されている場合の偏導関数 $\dfrac{\partial f}{\partial x}$ を考えよう．$(x,y) \neq (0,0)$ の場合には，これは式 $\dfrac{x^3 + y^3}{x^2 + y^2}$ を x について偏微分すればよく，

$$\frac{\partial}{\partial x}\frac{x^3 + y^3}{x^2 + y^2} = \frac{3x^2(x^2 + y^2) - (x^3 + y^3) \cdot (2x)}{(x^2 + y^2)^2} = \frac{x^4 + 3x^2y^2 - 2xy^3}{(x^2 + y^2)^2}$$

である．$\dfrac{\partial}{\partial x}f(0,0)$ の計算は定義にさかのぼって計算しなければならない．というのは，定義により

$$\frac{\partial}{\partial x}f(0,0) = \lim_{h \to 0}\frac{f(0+h,0) - f(0,0)}{h}$$

であるが，$f(0+h,0) = \dfrac{h^3 + 0^3}{h^2 + 0^2} = h$, $f(0,0) = 0$ のように，場合分けに応じた計算をしなければならないからである．つまり，

$$\frac{\partial}{\partial x}f(0,0) = \lim_{h \to 0}\frac{h - 0}{h} = 1$$

である．

このような場合分けがあるとき，先に $(x,y) \neq (0,0)$ の場合で偏微分 $\dfrac{\partial}{\partial x}f(x,y)$ を求めておいて，$\lim_{(x,y) \to (0,0)}$ を考えるのはどうか，と思う読者もいるかもしれない．しかし，この方法で求めたものがもともとの定義から計算したものと一致するとは

限らないことが知られている．具体的な計算は演習に譲るが，$\displaystyle\lim_{(x,y)\to(0,0)}\frac{\partial}{\partial x}f(x,y)$ は極限を持たないのである．

9.3　多変数関数の 1 次近似と接平面

定義 9.16 (C^1 級 (class C^1)) 2 変数関数 $f(x,y)$ について，偏導関数 $f_x(x,y)$, $f_y(x,y)$ が存在して，かつ連続であるとき，$f(x,y)$ は C^1 級であるという．

例 9.17 $f(x,y)$ が多項式関数（たとえば $f(x,y) = x^3 + 2xy + y^4$）とすると，偏導関数も多項式関数であって（この場合は $f_x(x,y) = 3x^2 + 2y, f_y(x,y) = 2x + 4y^3$），多項式関数はいつでも連続であるので，多項式関数はすべて C^1 級であるといえる．

1 変数関数で 1 次近似ができたように，多変数関数においても C^1 級であるならば，1 次近似を考えることができる．ここでは，C^1 級の 2 変数関数 $f(x,y)$ について，x, y が 0 に近い数のときに，偏微分係数 $f_x(0,0), f_y(0,0)$ を用いて $f(x,y)$ の値を近似することを考察しよう．

命題 9.18 (1 次近似公式 (first order approximation))

C^1 級の 2 変数関数 $f(x,y)$ について，
$$f(x,y) \sim f_x(0,0)x + f_y(0,0)y + f(0,0)$$
を $(0,0)$ の近くでの 1 次近似式という．

証明． 多変数関数の近似式は，後の節で扱う「多変数のテイラーの定理」の特別な場合と考えることができるので，正確な証明はそこに譲ることにするが，ここでは近似の感覚からこの式が導出できることを解説する．x, y は 0 に近いと仮定しておく．まず $y = a$ を定数とみなして，$f(x,a)$ を $x = 0$ で 1 次近似する．すなわち

$$f(x,a) \sim f_x(0,a) \cdot x + f(0,a)$$

である．ここで $x \sim 0$ である．$y = a$ とおいたので，文字を y に戻しておくと，

である.
$$f(x,y) \sim f_x(0,y) \cdot x + f(0,y)$$

である.

一方で, 今度は $x=0$ を代入した $f(0,y)$ を $y=0$ で 1 次近似することを考えると,
$$f(0,y) \sim f_y(0,0)y + f(0,0)$$
を得る. これを上の式に代入すると,
$$f(x,y) \sim f_x(0,y) \cdot x + f_y(0,0)y + f(0,0)$$
を得る. ここで, x,y は 0 に近いと仮定していたから, $f(x,y)$ が C^1 級であることから $f_y(x,y)$ は連続関数であって, $f_x(0,y)$ と $f_x(0,0)$ はほぼ等しいと考えられる. このことを踏まえると 1 次近似式
$$f(x,y) \sim f_x(0,0)x + f_y(0,0)y + f(0,0)$$
を得る. □

例 9.19 $f(x,y) = \sin(x+2y+xy)$ としよう. $f(0,0) = \sin 0 = 0$ であり, $f_x(x,y) = (1+y)\cos(x+2y+xy), f_y(x,y) = (2+x)\cos(x+2y+xy)$ だから, $f_x(0,0) = 1, f_y(0,0) = 2$ である. このことから,
$$f(x,y) = \sin(x+2y+xy) \sim 1 \cdot x + 2 \cdot y + 0 = x + 2y$$
と求めることができる.

関数 $y=f(x)$ の 1 次近似は「$y=f(x)$ のグラフの接線」という意味合いも持っていた. 2 変数関数についても同じ意味合いがあるので, ここで解説しよう.

2 変数関数 $f(x,y)$ に対して, 関数のグラフ $z=f(x,y)$ を考えることができる. 座標空間 $\mathbb{R}^3 = \{(x,y,z) \mid x,y,z \in \mathbb{R}\}$ を考え, 関数のグラフを

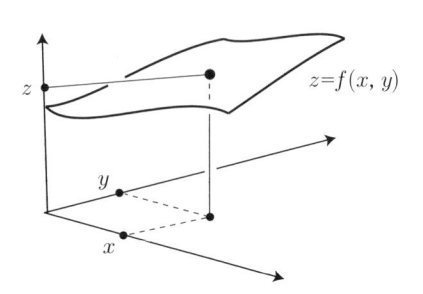

$$\{(x, y, f(x,y)) \mid x, y \in \mathbb{R}\}$$

によって定める．

ここで，簡単な補題を紹介しよう．

補題 9.20 (平面のグラフ)

$f(x,y)$ が 1 次式 $f(x,y) = ax + by + c$ であるならば，そのグラフは平面である．

証明． $f(x,y) = ax + by + c$ とすると，$z = f(x,y)$ の z 切片 (z 軸との交点) は $(0,0,c)$ であり，この点をグラフが通る．

また，$z = ax + by + c$ のグラフの点は $(x, y, ax+by+c)$ と表されるが，これを

$$(x, y, ax+by+c) = x(1,0,a) + y(0,1,b) + (0,0,c)$$

と分解すると，これは点 $(0,0,c)$ を通り，ベクトル $\boldsymbol{u} = (1,0,a), \boldsymbol{v} = (0,1,b)$ を含むような平面であることが分かる．

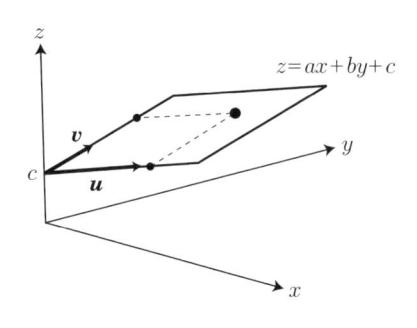

□

関数のグラフ $z = f(x,y)$ について，x, y が 0 に近いところでは 1 次近似 $f(x,y) \sim f_x(0,0)x + f_y(0,0)y + f(0,0)$ が成り立つが，この式で，$f_x(0,0), f_y(0,0), f(0,0)$ は定数であることに注意しよう．したがって，この右辺は $ax + by + c$ の形をしており，$z = f_x(0,0)x + f_y(0,0)y + f(0,0)$ というグラフは平面であることが分かる．

一方で，x, y が 0 に近いときは $z = f(x,y)$ のグラフと $z = f_x(0,0)x + f_y(0,0)y + f(0,0)$ のグラフは非常に近いということなので，$z = f_x(0,0)x +$

$f_y(0,0)y + f(0,0)$ は $z = f(x,y)$ に接する平面であることが想像できる.
実際に次の定理が成り立つ.

命題 9.21 (2 変数関数のグラフの接平面)

（1） 2 変数関数のグラフ $z = f(x,y)$ の $(x,y) = (0,0)$ における接平面は
$$z = f_x(0,0)x + f_y(0,0)y + f(0,0)$$
で与えられる.

（2） 2 変数関数のグラフ $z = f(x,y)$ の $(x,y) = (x_0, y_0)$ における接平面は
$$z = f_x(x_0, y_0)(x - x_0) + f_y(x_0, y_0)(y - y_0) + f(x_0, y_0)$$
で与えられる.

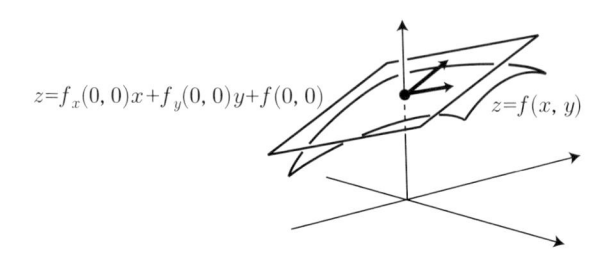

つぶやき

2 変数関数のグラフは, 1 変数関数のグラフ $y = f(x)$ とは違って, 概形を描くことはほとんどできないので, コンピュータなどで書いて鑑賞するより仕方ない.

9.4 全微分

1 次近似の応用として全微分について解説しよう.

2 変数関数には $\dfrac{\partial}{\partial x}$ と $\dfrac{\partial}{\partial y}$ という 2 種類の偏微分があるが「なぜ 2 種類あるのか」という自然な問いかけがある. もちろん「変数が 2 つあるから」という回答も自然ではあるが,「ビブン」とよべるような 1 つのものがあったほうがより自然

であるともいえる．

そこで全微分とよばれるものを導入するが，ここで現れる「微少量 dx, dy」という考え方が必ずしも厳密な概念でないと考える人も多いかもしれない．その点については，あとでつぶやくことにして，まずは全微分を定義する．

まず a, b を定数とし，$f(a+x, b+y)$ についての 1 次近似式を書くと

$$f(a+x, b+y) \sim f_x(a+0, b+0)x + f_y(a+0, b+0)y + f(a+0, b+0)$$

$$= f_x(a,b)x + f_y(a,b)y + f(a,b)$$

ただしここで x, y は 0 に近い数であるとする．そこで，

$$df = f(a+x, b+y) - f(x, b)$$

$$dx = x, \qquad dy = y$$

とおいて，x, y をごくごく 0 に近い数であるとすることにより，式

$$df = f_x(a,b)\, dx + f_y(a,b)\, dy$$

を得る．この式を $f(x,y)$ の (a,b) における全微分とよぶことにする．より一般に，次のように定義する．

定義 9.22 (全微分 (total derivative)) C^1 級の 2 変数関数 $f(x,y)$ に対して，その全微分 df を

$$df = f_x(x,y)\, dx + f_y(x,y)\, dy$$

によって定義する．

例 9.23 $f(x,y) = \sin(x+2y+xy)$ で考えると，$f_x(x,y) = (1+y)\cos(x+2y+xy)$ で，$f_y(x,y) = (2+x)\cos(x+2y+xy)$ だから，

$$df = (1+y)\cos(x+2y+xy)\, dx + (2+x)\cos(x+2y+xy)\, dy$$

である．

つぶやき

「全微分とは何か」という問いへの答えはいろいろある．微分記号のようでもあり，積分記号のようでもある … というのが本音だろうか．dx, dy を「x 成分の微小量」「y 成分の微小量」と説明したが，もちろんこれは感覚的な便宜上の

ものでしかない．微積分学の創始者の一人といわれるライプニッツが使い始めた記号であるといわれているが，当時は「無限小」に関する考え方は現代ほど厳密ではなかったらしい．「微積分学が飛躍をとげるにはこうした「ずさんさ」が欠くことのできない要件であったということは記憶に値する事実であろう．」
(足立恒雄著『無限のパラドックス』)

大学初学年の段階では，dx, dy は「こういうもの」としか説明できないものである．進んで専門に数学を勉強すれば dx, dy を平面上の微分形式とみなすこともできるし，積分要素とみなすこともできるが，それらを厳密に理解するには，さらなる勉強が必要であってこの教科書の役割を大きく超えてしまう．

そこで，この教科書では厳密な意味を説明するかわりに 2 つの解釈—方向微分と合成関数の微分—を紹介することにする．

9.5　方向微分，合成関数の微分

微分は「方向」と大きな関係がある．1 変数関数 $y = f(x)$ のときには $f(x+h) - f(x)$ を「変化」として扱うが，h を正の数とすると $f(x+h) - f(x)$ とは「x 軸正の方向への変化」であって，ここから微分 $f'(x)$ を定義している．2 変数関数 $f(x, y)$ は，2 種類の偏微分を有するが，偏微分

$$\frac{\partial}{\partial x} f(x, y) = \lim_{h \to 0} \frac{f(x+h, y) - f(x, y)}{h}$$

は「x 軸正の方向の微分」のことであり，偏微分

$$\frac{\partial}{\partial y} f(x, y) = \lim_{h \to 0} \frac{f(x, y+h) - f(x, y)}{h}$$

は「y 軸正の方向の微分」のことである．この考え方を一般化したものが方向微分である．

定義 9.24 (方向微分 (directional derivative))　C^1 級 2 変数関数 $f(x, y)$ と平面ベクトル $\boldsymbol{a} = (a, b)$ に対して，「f の $\boldsymbol{a}$ 方向の微分」を

$$(\boldsymbol{a}f)(x, y) = \lim_{h \to 0} \frac{f(x+ah, y+bh) - f(x, y)}{h}$$

により定義する．

この定義において，$f(x+ah, y+bh) - f(x,y)$ とはベクトル $\boldsymbol{a}$ 方向への変化の意味である．この定義式は方向微分というコンセプトにできるだけ忠実に立式したものであるが，それゆえに具体的な計算には向かない．方向微分を具体的に求めるには次の公式を用いればよい．

命題 9.25 (方向微分の計算)

2 変数関数 $f(x,y)$ と平面ベクトル $\boldsymbol{a} = (a,b)$ に対して，
$$(\boldsymbol{a}f)(x,y) = f_x(x,y) \cdot a + f_y(x,y) \cdot b$$
が成り立つ．

証明． 技術的な困難さについては深入りせず，あらすじを述べるにとどめる．$a \neq 0, b \neq 0$ として，

$(\boldsymbol{a}f)(x,y)$
$= \lim_{h \to 0} \dfrac{f(x+ah, y+bh) - f(x,y)}{h}$
$= \lim_{h \to 0} \dfrac{f(x+ah, y+bh) - f(x, y+bh)}{h} + \lim_{h \to 0} \dfrac{f(x, y+bh) - f(x,y)}{h}$
$= \lim_{h \to 0} \dfrac{f(x+ah, y+bh) - f(x, y+bh)}{ah} \cdot a + \lim_{h \to 0} \dfrac{f(x, y+bh) - f(x,y)}{bh} \cdot b$
$= f_x(x,y) \cdot a + f_y(a,y) \cdot b$

ここで，$\dfrac{f(x+ah, y+bh) - f(x, y+bh)}{ah}$ の項はおおよそ $f_x(x, y+bh)$ に近いが，$f_x(x,y)$ が連続関数である (C^1 級の条件) ことから，$f_x(x, y+bh)$ と $f_x(x,y)$ とは近いものと考えられる．$a=0$ または $b=0$ の場合には，$\boldsymbol{a}f$ は従来の意味の偏微分なので，同じ結論が得られる． □

方向微分の公式は，全微分への意味づけを含んでいる．すなわち，ベクトル $\boldsymbol{a} = (a,b)$ 方向への微小な移動，ということから $a \leftrightarrow dx, b \leftrightarrow dx$ という対応があることを意味しているとも解釈できる．そのときの関数の値の変化のことを前の節では全微分 df といったが，ここでは方向微分 $(\boldsymbol{a}f)$ と書いたわけである．

方向微分をより広く考えたものが，2 変数関数の合成関数の微分公式である．

> **命題 9.26 (2 変数関数の合成関数の微分公式)**
>
> $f(x,y)$ を C^1 級の 2 変数関数，$g(t), h(t)$ をパラメータ t によって定まる 2 つの関数であるとする．このとき，
>
> $$\frac{d}{dt}f(g(t), h(t)) = f_x(g(t), h(t)) \cdot g'(t) + f_y(g(t), h(t)) \cdot h'(t)$$
>
> が成り立つ．簡単に書くと，$\dfrac{d}{dt}f(g(t), h(t)) = f_x \cdot g' + f_y \cdot h'$ である．

例 9.27 $f(x,y) = \sin(2x + 3y + xy)$ とし，$g(t) = (t+1)^3, h(t) = 5t$ とする．$g'(t) = 3(t+1)^2, h'(t) = 5$ であって，$f_x(x,y) = (2+y)\cos(2x + 3y + xy)$，$f_y(x,y) = (3+x)\cos(2x + 3y + xy)$ であることから

$$f(g(t), h(t)) = \sin(2(t+1)^3 + 3 \cdot (5t) + (t+1)^3 \cdot (5t))$$

の微分は，公式により

$$\frac{d}{dt}f(g(t), h(t)) = f_x \cdot g' + f_y \cdot h'$$
$$= (2+y)\cos(2x + 3y + xy) \cdot 3(t+1)^2 + (3+x)\cos(2x + 3y + xy) \cdot 5$$
$$= \{3(2+y)(t+1)^2 + 5(3+x)\}\cos(x + 2y + xy)$$

(ただし $x = g(t) = (t+1)^3, y = h(t) = 5t$) と求められる．

注意 9.28 2 変数関数なのは $f(x, y)$ のほうだけで，そこに t をパラメータとする関数 $x = g(t), y = h(t)$ を代入した形の合成関数をあつかっているので，$f(g(t), h(t))$ は 1 変数 t をもつ関数ということになる．変数が 1 つなので，これは通常の微分 $\dfrac{d}{dt}$ で書き表すのである．

合成関数の微分は (外の微分) × (中の微分) と言い表されるが，ここでは f_x, f_y が外の微分に相当し，$g'(t), h'(t)$ が中の微分に相当する．$f(x,y)$ が 2 変数であることから「(外の微分) × (中の微分)」が 2 組できる．合成関数の微分はその和を取るものだと覚えておけばよい．

公式を適用すると，x, y, t が入り混じった形になるが，正しくは $x = g(t), y = h(t)$ を代入したような，t だけの式の意味であることは言うまでもない．(時と場合によるが，このような場合，無理に $x = g(t), y = h(t)$ を代入してわざわざ煩雑

な形へ変形するよりは，x, y を残しておくほうが筋がよい場合が多い．）

証明． [命題 9.26 の証明]　厳密な証明のためには演習問題 2.10 のようなセッティングが必要なのであるが，ここでは正しさの意味が分かるような，概念的な説明をしよう．

まず，$(g(t), h(t))$ を平面上の曲線のパラメータ変数表示であるとみなしてみよう．つまり，t を時刻を表す変数であるとして，時刻 t に点 P が座標 $(g(t), h(t))$ にいるような点の動きを考える．

さて，関数 $z = f(x, y)$ というグラフを考え，この xyz 空間の xy 平面の上に曲線 $(g(t), h(t))$ があることを想定してみよう．

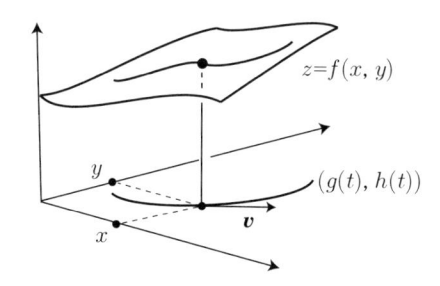

点 P が座標 $(g(t), h(t))$ にあるとするとき，その速度ベクトルは微分 $\boldsymbol{v} = (g'(t), h'(t))$ で与えられることは 4.3 節で説明したとおりである．

では，点 $(g(t), h(t))$ で $\boldsymbol{v}$ 方向の方向微分 $(\boldsymbol{v}f)$ を計算すると，公式により

$$(\boldsymbol{v}f)(x, y) = f_x(x, y) \cdot a + f_y(x, y) \cdot b = f_x(x, y) \cdot g'(t) + f_y(x, y) \cdot h'(t)$$

これは合成関数の公式そのものである．　　□

合成関数の微分公式は 2 変数に限らず，一般の多変数関数でも成立する．記号は煩雑であるが，$n = 2$ の場合を発展させた形であることを確認するとよいだろう．証明は演習問題とする．

> **定理 9.29 (多変数の合成関数の微分)**
>
> $f(x_1, x_2, \cdots, x_n)$ を n 変数多項式で C^1 級 (偏導関数 $f_{x_1}, f_{x_2}, \cdots, f_{x_n}$ が存在して連続関数である) であるとする. 微分可能関数 $g_1(t), g_2(t), \cdots, g_n(t)$ に対して,
>
> $$\frac{d}{dt} f(g_1(t), g_2(t), \cdots, g_n(t)) = f_{x_1} \cdot g_1' + f_{x_2} \cdot g_2' + \cdots + f_{x_n} \cdot g_n'$$
>
> である.

9.6 多変数のテイラーの定理

1変数のテイラーの定理は,

$$f(x) = f(0) + f'(0)x + \frac{f''(0)}{2!}x^2 + \frac{f'''(0)}{3!}x^3 + \cdots + R_{n+1}$$

という形だった. これは, 微分を利用して関数 $f(x)$ を右辺のような多項式で近似することが目的だった.

2変数関数 $f(x,y)$ も同じように x, y の多項式で近似できる. その公式をやはりテイラーの定理という. その準備として, 高階偏導関数を紹介しよう. 2変数の場合には偏導関数が 2 種類ある. 偏微分を 2 回行って得られるものを 2 階偏導関数というが, 組み合わせ的にこれは $2 \times 2 = 4$ 通りあることが分かる.

つまり, x, y の 2 つの変数で 2 回偏微分する方法は,

$$\frac{\partial}{\partial x}\left(\frac{\partial}{\partial x}f(x,y)\right), \frac{\partial}{\partial x}\left(\frac{\partial}{\partial y}f(x,y)\right), \frac{\partial}{\partial y}\left(\frac{\partial}{\partial x}f(x,y)\right), \frac{\partial}{\partial y}\left(\frac{\partial}{\partial y}f(x,y)\right)$$

の 4 通りある.

これらを表す記号として, 次のようなものが用いられる.

$$\frac{\partial}{\partial x}\left(\frac{\partial}{\partial x}f(x,y)\right) \; : \; \frac{\partial^2}{\partial x^2}f(x,y), \frac{\partial^2 f}{\partial x^2}(x,y), f_{xx}(x,y)$$

$$\frac{\partial}{\partial x}\left(\frac{\partial}{\partial y}f(x,y)\right) \; : \; \frac{\partial^2}{\partial x \partial y}f(x,y), \frac{\partial^2 f}{\partial x \partial y}(x,y), f_{xy}(x,y)$$

$\frac{\partial^2}{\partial y \partial x}f(x,y), f_{yx}(x,y), \frac{\partial^2}{\partial y \partial y}f(x,y), f_{yy}(x,y)$ についても同様に用いられる.

2 階偏導関数がすべて存在して, かつそれらが連続であるとき, 関数 $f(x,y)$ は

C^2 級であるという.

> **つぶやき**
>
> $f(x,y)$ が式(多項式・分数式・三角関数・指数関数など)で与えられている場合,「2 階偏導関数がすべて存在して」というのは「$f_{xx}, f_{xy}, f_{yx}, f_{yy}$ がすべて計算できる」と理解すればよい.「連続関数であるとき」というのは「任意の x, y について(場合分けのない,分母が 0 にならない)式でかけていればだいたい大丈夫」くらいの認識で当面大丈夫である.(実際は命題 1.18 に従うので,「極限をとる = 値を代入する」という等式が成り立っていればよい.)

同じように,偏微分を 3 回以上行うことも考えられる. $f_{xxx}, f_{xxy}, \cdots$ などいろいろな種類が考えられるが,これらを総括して,高階偏導関数という.

定義 9.30 (**高階偏導関数** (higher-order partial derivative)) 2 変数関数 $f(x,y)$ を 2 回以上偏微分したものを高階偏導関数という.($f(x,y)$ が 2 回以上偏微分できる場合に限る.)

例 9.31 $f(x,y) = \sin(1+x-2y)$ の高階偏導関数を 3 階まで求めてみる. 計算結果だけを書くので,各自検算されたい.

$$f(x,y) = \sin(1+x-2y)$$
$$f_x(x,y) = \cos(1+x-2y)$$
$$f_y(x,y) = -2\cos(1+x-2y)$$
$$f_{xx}(x,y) = -\sin(1+x-2y)$$
$$f_{xy}(x,y) = 2\sin(1+x-2y)$$
$$f_{yy}(x,y) = -4\sin(1+x-2y)$$
$$f_{xxx}(x,y) = -\cos(1+x-2y)$$
$$f_{xxy}(x,y) = 2\cos(1+x-2y)$$
$$f_{xyy}(x,y) = -4\cos(1+x-2y)$$
$$f_{yyy}(x,y) = 8\cos(1+x-2y)$$

注意 9.32 定義だけをみれば,どの順番で偏微分を求めるかは重要であり,区

別されるべきものである．しかし実際には，次のシュワルツの定理が成り立つので，(結果的には) 偏微分の順番は多くの場合問題にならないことが分かる．クレローの定理ともよばれる．

定理 9.33 (シュワルツの定理 (Schwarz's theorem))

関数 $f(x,y)$ が C^2 級である (2 階偏導関数が存在して，かつ連続である) とき，
$$f_{xy}(x,y) = f_{yx}(x,y)$$
が成り立つ．

さて，以上をふまえて 2 次近似公式を紹介しよう．

命題 9.34 (2 次近似公式 (second order approximation))

$$f(x,y) \sim f(0,0) + f_x(0,0)x + f_y(0,0)y$$
$$+ \frac{1}{2}(f_{xx}(0,0)x^2 + 2f_{xy}(0,0)xy + f_{yy}(0,0)y^2)$$

例 9.35 $f(x,y) = e^{x+y}\cos x$ で計算してみよう．

$$f_x(x,y) = e^{x+y}(\cos x - \sin x) \Rightarrow f_x(0,0) = e^0(1-0) = 1$$
$$f_y(x,y) = e^{x+y}\cos x \Rightarrow f_y(0,0) = e^0 \cdot 1 = 1$$
$$f_{xx}(x,y) = e^{x+y}(-2\sin x) \Rightarrow f_{xx}(0,0) = e^0 \cdot (-2 \cdot 0) = 0$$
$$f_{xy}(x,y) = e^{x+y}(\cos x - \sin x) \Rightarrow f_{xy}(0,0) = 1$$
$$f_{yy}(x,y) = e^{x+y}\cos x \Rightarrow f_{yy}(0,0) = 1$$

であるから，
$$f(x,y) \sim 1 + 1 \cdot x + 1 \cdot y + \frac{1}{2}(0 \cdot x^2 + 2 \cdot 1 \cdot xy + 1 \cdot y^2)$$
$$= 1 + x + y + xy + \frac{1}{2}y^2$$

である．たとえば，$x = 0.1, y = 0.1$ で計算してみよう．$e^{x+y}\cos x = e^{0.2}\cos(0.1) \sim$
1.21530083 で，$1 + x + y + xy + \dfrac{1}{2}y^2 = 1 + 0.1 + 0.1 + (0.1)(0.1) + \dfrac{1}{2}(0.1)^2 =$
1.215 である．小数点以下 3 位くらいまでは近似されていることが分かるだろう．

注意 9.36 2 次近似の式が正しい理由を考えてみる．これは合成関数の微分公式を使うことによって説明できるのである．計算は長いが一度は丁寧に考えてみよう．まず，(x, y) を固定して定数であると考える．関数 $g(t), h(t)$ を $g(t) = xt, h(t) = yt$ と定める．そうして合成関数 $\phi(t)$ を $\phi(t) = f(g(t), h(t)) = f(xt, yt)$ と定める．$\phi(t)$ は 1 変数関数だから，2 次近似式 $\phi(t) = \phi(0) + \phi'(0)t + \dfrac{\phi''(0)}{2}t^2 + R_3$ を考えることができるので，この式の各項を f の式に書き直してみよう．

(a)　$\phi(t) = f(xt, yt)$　　これは定義のままである．

(b)　$\phi(0) = f(x \cdot 0, y \cdot 0) = f(0, 0)$　　これは $t = 0$ を代入しただけである．

(c)　$\phi'(t) = \dfrac{d}{dt}f(xt, yt) = f_x(xt, yt) \cdot g' + f_y(xt, yt) \cdot h'(t)$

$\qquad\qquad = f_x(xt, yt) \cdot x + f_y(xt, yt) \cdot y$

であるのでこの式に一度 $t = 0$ を代入して，そのあとに改めて t 倍すれば，$\phi'(0)t = f_x(0, 0) \cdot xt + f_y(0, 0) \cdot yt$ を得る．

(d)　最後の項は $\phi''(t) = \dfrac{d}{dt}\phi'(t) = \dfrac{d}{dt}(f_x(xt, yt) \cdot x + f_y(xt, yt) \cdot y)$ であるが，これは

$$\dfrac{d}{dt}f_x(xt, yt) = (f_x)_x(xt, yt) \cdot g' + (f_x)_y(xt, yt) \cdot h'(t)$$

$$= f_{xx}(xt, yt) \cdot x + f_{yx}(xt, yt) \cdot y$$

$$\dfrac{d}{dt}f_y(xt, yt) = (f_y)_x(xt, yt) \cdot g' + (f_y)_y(xt, yt) \cdot h'(t)$$

$$= f_{xy}(xt, yt) \cdot x + f_{yy}(xt, yt) \cdot y$$

と計算できることから，
$$\dfrac{\phi''(0)}{2}t^2 = \dfrac{1}{2}(f_{xx}(0,0) \cdot x + f_{yx}(0,0) \cdot y)xt^2 + \dfrac{1}{2}(f_{xy}(0,0) \cdot x + f_{yy}(0,0) \cdot y)yt^2$$

$$= \dfrac{1}{2}(f_{xx}(0,0)(xt)^2 + 2f_{xy}(0,0)(xt)(yt) + f_{yy}(0,0)(yt)^2)$$

が得られる．

（ e ） 以上の式をまとめて $t=1$ を代入すると，
$$f(x,y) = f(0,0) + f_x(0,0)x + f_y(0,0)y$$
$$+ \frac{1}{2}(f_{xx}(0,0)x^2 + 2f_{xy}(0,0)xy + f_{yy}(0,0)y^2) + R_3$$
が得られる．

2 変数関数 $f(x,y)$ をわざわざ $\phi(t) = f(xt, yt)$ という t の 1 変数関数に置き直して近似式をつくって，あとは合成関数の微分を繰り返しているだけなので，本質的には 1 変数の近似式から導かれたといってもよい．このことは 3 次近似より次数が高くなっても同じことである．このようにして多変数関数のテイラーの定理を得ることができる．

命題 9.37 (テイラーの定理 (2 変数関数, n 次まで))

$$f(x,y) = f(0,0) + f_x(0,0)x + f_y(0,0)y$$
$$+ \frac{1}{2!}(f_{xx}(0,0)x^2 + 2f_{xy}(0,0)xy + f_{yy}(0,0)y^2)$$
$$+ \frac{1}{3!}(f_{xxx}(0,0)x^3 + 3f_{xxy}(0,0)x^2 y$$
$$+ 3f_{xyy}(0,0)xy^2 + f_{yyy}(0,0)y^3) + \cdots$$
$$+ \frac{1}{n!}(f_{xx\cdots x}(0,0)x^n + {}_nC_1 f_{x\cdots xy}(0,0)x^{n-1}y + \cdots$$
$$+ {}_nC_{n-1} f_{xy\cdots y}(0,0)xy^{n-1} + f_{y\cdots y}(0,0)y^n) + R_{n+1}$$

例 9.38 $f(x,y) = \log(1 + x - y)$ のテイラー展開を 3 次の項まで求めてみよう．計算結果だけを書く．

$$f(x,y) = \log(1 + x - y) \Rightarrow f(0,0) = \log(1) = 0$$
$$f_x(x,y) = \frac{1}{1 + x - y} \Rightarrow f_x(0,0) = 1$$
$$f_y(x,y) = \frac{-1}{1 + x - y} \Rightarrow f_y(0,0) = -1$$
$$f_{xx}(x,y) = \frac{-1}{(1 + x - y)^2} \Rightarrow f_{xx}(0,0) = -1$$

$$f_{xy}(x,y) = \frac{1}{(1+x-y)^2} \Rightarrow f_{xy}(0,0) = 1$$

$$f_{yy}(x,y) = \frac{-1}{(1+x-y)^2} \Rightarrow f_{yy}(0,0) = -1$$

$$f_{xxx}(x,y) = \frac{2}{(1+x-y)^3} \Rightarrow f_{xxx}(0,0) = 2$$

$$f_{xxy}(x,y) = \frac{-2}{(1+x-y)^3} \Rightarrow f_{xxy}(0,0) = -2$$

$$f_{xyy}(x,y) = \frac{2}{(1+x-y)^3} \Rightarrow f_{xyy}(0,0) = 2$$

$$f_{yyy}(x,y) = \frac{-2}{(1+x-y)^3} \Rightarrow f_{yyy}(0,0) = -2$$

以上をテイラーの定理に代入して，

$$\log(1+x-y)$$
$$= x - y + \frac{1}{2}(-x^2 + 2xy - y^2) + \frac{1}{3}(x^3 - 3x^2y + 3xy^2 - y^3) + R_4$$

を得る．

級数の絶対収束の節で「絶対収束している級数は和の順番を変えても極限が変わらない」という定理があることを紹介した．1 変数のテイラー展開においては収束半径の内側では絶対収束していることが保障されているので，このことを用いて多変数関数のテイラー展開の計算を容易に求める方法がある．

例 9.39 まず最初は上の例をもう一度見てほしい．出来上がった式を少し観察すると，

$$\log(1+x-y)$$
$$= x - y + \frac{1}{2}(-x^2 + 2xy - y^2) + \frac{1}{3}(x^3 - 3x^2y + 3xy^2 - y^3) + \cdots$$
$$= (x-y) - \frac{1}{2}(x-y)^2 + \frac{1}{3}(x-y)^3 + \cdots$$

となっていることに気づくだろう．つまりたとえば $X = x - y$ とおいて，1 変数のテイラー展開

$$\log(1+X) = X - \frac{X^2}{2} + \frac{X^3}{3} - \cdots$$

に $X = x - y$ を代入したものであるわけだが，一般的に，このような代入のルールは適切な収束半径の条件のもとに成立する．つまり，単なる近似式の計算として考えるときには，この手順で求めたほうが圧倒的に計算量が少なくてすむのである．

以下，そうなる理由が知りたい読者のために少し理由を解説する．$\log(1+X)$ の収束半径が 1 であることから，$|X| < 1$ ならばべき級数 $X - \dfrac{X^2}{2} + \dfrac{X^3}{3} - \cdots$ は絶対収束することが分かっている．(収束半径が 1 なので $|X| < 1$ ならば絶対収束，と理解すればよい．)

そうすると，$|x| + |y| < 1$ の範囲であれば，$X = |x| + |y|$ を代入した級数は(項を加える順番によらずに)収束することが分かる．つまり，

$$|x| + |y| + \frac{1}{2}(|x|^2 + 2|xy| + |y|^2) + \frac{1}{3}(|x^3| + 3|x^2y| + 3|xy^2| + |y^3|) + \cdots$$

は収束することが分かる．つまり，$\log(1+X) = X - \dfrac{X^2}{2} + \dfrac{X^3}{3} - \cdots$ に $X = x - y$ を代入した式は $|x| + |y| < 1$ の範囲で絶対収束するので，これがテイラー級数を与えると考えられるのである．

つぶやき

数学の専門家はこういうところ(上の例の後半部分)を細かく気にするので初学者が戸惑うのかもしれない．もともと近似計算をしているだけであるし，やさしく求められる方法があるのだからそれを信じればよい，と考えてもらえれば十分である．

例 9.40 変数が入り混じった積の形についてもこの方法は通用する．たとえば $f(x,y) = e^{x+y} \cos x$ を考える．

$$e^{x+y} = 1 + (x+y) + \frac{(x+y)^2}{2!} + \frac{(x+y)^3}{3!} + \frac{(x+y)^4}{4!} + \cdots$$

と

$$\cos x = 1 - \frac{x^2}{2!} + \frac{x^4}{4!} - \cdots$$

を準備して，これらを掛け合わせて，次数の小さい順に並べてみよう．実際に，

$$e^{x+y} \cos x = \left(1 + (x+y) + \frac{(x+y)^2}{2!} + \cdots\right)\left(1 - \frac{x^2}{2!} + \cdots\right)$$

となるので，2 次以下の項を書きだすと

$$1 + (x+y) + \left(-\frac{x^2}{2!} + \frac{(x+y)^2}{2!}\right) = 1 + x + y + xy + \frac{1}{2}y^2 + (3\text{ 次以上})$$

が得られる．2 変数のテイラーの定理に基づいて $f(x,y) = e^{x+y}\cos x$ を計算してみた例 9.35 と結果を比較してみよう．

9.7　ヘシアン，ラグランジュの未定乗数法

ここでは，多変数関数の極大・極小について議論しよう．1 変数関数の極大極小は「微分が 0」ということで特長づけられていた．特に増減表を書くことにより「極小 = 下に凸で極値」「極大 = 上に凸で極値」という特長づけも得られていた．

このことから，極大極小は 1 階微分，2 階微分により分かるわけだが，このことを多変数関数にも延長できることを説明する．偏導関数は 2 種類，2 階偏導関数は 4 種類 (実質 3 種類) あるので，その取扱いが焦点となる．まずは臨界点から定義しよう．

最初に 2 変数関数のグラフ (9.3 節) から想像される極大・極小のイメージを考えてみよう．極大とは，その地点がその周りよりももっとも高い場所にあるということで要するに山の頂点のような形状になっていることだと思われる．同じように考えて，極小とはくぼんだ地形の形状になっていることだと思われる．

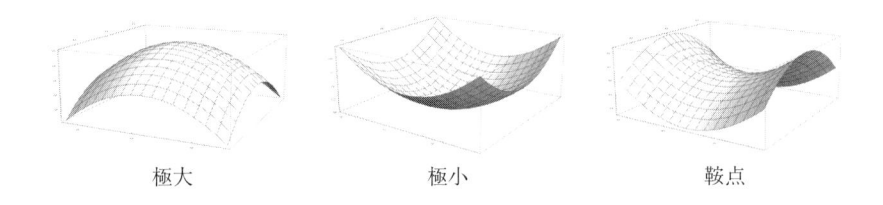

| 極大 | 極小 | 鞍点 |

この 2 つの図に共通することは，「接平面が水平」であるということである．接平面は $z = f_x(x_0,y_0)\cdot(x-x_0) + f_y(x_0,y_0)\cdot(y-y_0) + f(x_0,y_0)$ という式で与えられていたことを思い出すと，これが水平面になる必要十分条件は $f_x(x_0,y_0) = f_y(x_0,y_0) = 0$ であるといえよう．このことから，まず臨界点を定義する．

定義 9.41 (**臨界点** (critical point)) $f_x(x_0,y_0) = 0, f_y(x_0,y_0) = 0$ であるような (x_0,y_0) を**臨界点**という．またそのときの $f(x_0,y_0)$ を**臨界値** (critical value)

という.

このことは 1 変数関数 $f(x)$ の場合にまず $f'(x) = 0$ であるような x を求める作業を行ったことに対応している. 次は, 多変数関数における「上に凸」「下に凸」にあたる概念を定義しよう.

定義 9.42 (ヘシアン (Hessian)) $f(x,y)$ に対して $H_f = \begin{pmatrix} f_{xx} & f_{xy} \\ f_{yx} & f_{yy} \end{pmatrix}$ をヘシアン(ヘッセ行列(Hessian matrix))という. また, ヘシアンの行列式を $|H_f| = f_{xx}f_{yy} - f_{xy}^2$ で定める.

注意 9.43 この教科書を執筆しているのは 2012 年であるが, この年以降に高校に入学する諸君は行列を高校で習わないのである. したがって行列の定義も書く必要があろう.

数, または式を縦横に長方形状にならべ, それを括弧で囲んだものを行列 (matrix) という. たとえば, $\begin{pmatrix} 1 & 2 \\ 3 & 4 \end{pmatrix}$ は行列の例である. 線形代数とは行列とベクトルにまつわる数学の体系である. その入門には姉妹書『考える線形代数』を参照してもらいたい. 数, または式の横の並びを行 (row) といい, 縦の並びを列 (column) という.

2 変数関数のヘシアンは $H_f = \begin{pmatrix} f_{xx} & f_{xy} \\ f_{yx} & f_{yy} \end{pmatrix}$ で与えられるから, これは行を 2 つもち, 列を 2 つもつ. このような行列を 2 行 2 列の(または 2×2 の)行列という. 行数と列数が一致しているような(すなわち正方形状に並んでいるような)行列を正方行列という.

注意 9.44 正方行列には面積にあたる概念があり, これが **行列式** (determinant) である. 2×2 行列 $H = \begin{pmatrix} a & b \\ c & d \end{pmatrix}$ の行列式は $|H|$ または $\begin{vmatrix} a & b \\ c & d \end{vmatrix}$ と表記されて, その定義は

$$|H| = \begin{vmatrix} a & b \\ c & d \end{vmatrix} = ad - bc$$

で与えられる.

なぜこの右辺が面積を与えているかということも一言付け加えておこう. 原点を始点とする 2 つのベクトル (a,b) と (c,d) によって平行四辺形を作ったとするとき, この面積が $|ad-bc|$ で与えられるのである.

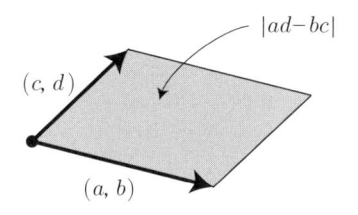

ここでは「面積とは正に決まっているから」という理由で絶対値がつけられているが, 負の面積を許すことを我々はリーマン和のところでみているから, 本質的に絶対値をとる必要はない. 面積は $ad - bc$ であるといってよいのである.

例 9.45 a,b を 0 でない定数として, $f(x,y) = ax^2 + by^2$ としてヘシアンとその行列式を計算しよう.
$f_x = 2ax$ より $f_{xx} = (f_x)_x = (2ax)_x = 2a, f_{xy} = (f_x)_y = (2ax)_y = 0$ である.
$f_y = 2by$ より $f_{yx} = (f_y)_x = (2by)_x = 0, f_{yy} = (f_y)_y = (2by)_y = 2b$ である.

したがって, ヘシアンは $\begin{pmatrix} 2a & 0 \\ 0 & 2b \end{pmatrix}$ でその行列式は $|H_f| = f_{xx}f_{yy} - f_{xy}^2 = 2a \cdot 2b - 0^2 = 4ab$ であることが分かる.

定義 9.46(正方行列の正定値, 負定値) 正方行列 $\begin{pmatrix} \alpha & \beta \\ \gamma & \delta \end{pmatrix}$ が $\beta = \gamma$ を満たす場合に, 正定値 (positive definite), 負定値 (negative definite) という概念がある. 一般的な正方行列についての定義は後の注でコメントするにとどめるが, 2×2 行列の場合には, 次のように定義される.

(1) 行列 $\begin{pmatrix} \alpha & \beta \\ \beta & \delta \end{pmatrix}$ が正定値であるとは, 任意の a,b (ただし $(a,b) \neq (0,0)$) に対して, $\alpha a^2 + 2\beta ab + \delta b^2 > 0$ が成り立つことである.

(2) 行列 $\begin{pmatrix} \alpha & \beta \\ \beta & \delta \end{pmatrix}$ が負定値であるとは, 任意の a,b (ただし $(a,b) \neq (0,0)$)

に対して, $\alpha a^2 + 2\beta ab + \delta b^2 < 0$ が成り立つことである.

（3） もし, 行列が正定値でも負定値でもないとき, 不定値であるという.

例 9.47 たとえば, $\begin{pmatrix} 1 & 1 \\ 1 & 3 \end{pmatrix}$ という行列は正定値である. というのは, 平方完成により

$$1 \cdot a^2 + 2 \cdot 1 \cdot ab + 3 \cdot b^2 = (a+b)^2 + 2b^2 > 0$$

が確かめられるからである.

正定値・負定値と多変数関数の極大・極小の関係について次の定理が知られている.

定理 9.48

（1） (x_0, y_0) が 2 変数関数 $f(x, y)$ の臨界点であるとする. もし (x_0, y_0) においてヘシアン H_f が正定値であるならば, (x_0, y_0) において関数 $f(x, y)$ は極小値である.

（2） (x_0, y_0) が 2 変数関数 $f(x, y)$ の臨界点であるとする. もし (x_0, y_0) においてヘシアン H_f が負定値であるならば, (x_0, y_0) において関数 $f(x, y)$ は極大値である.

証明. この定理の証明の大まかな流れは次のように分かる. 今 H_f が正定値であったとしよう. そこで, ここで $\boldsymbol{v} = (a, b)$ は定ベクトルであるとし, (x_0, y_0) を通るような (a, b) 方向の平面上の点の動き $(x_0 + at, y_0 + bt)$ を考え, この動きに対応する $f(x, y)$ の値を $\varphi(t)$ としよう. つまり

$$\varphi(t) = f(x_0 + at, y_0 + bt)$$

である. ここで $\varphi'(0)$ と $\varphi''(0)$ とを計算してみよ. 計算手順は省くが,

$$\varphi'(0) = f_x \cdot a + f_y \cdot b = 0$$

$$\varphi''(0) = f_{xx} \cdot a^2 + 2 f_{xy} \cdot ab + f_{yy} \cdot b^2$$

となる. 上の式は $t = 0$ で $\varphi(t)$ が極値をもつことを示しており, 下の式は H_f が正定値であるという条件から $\varphi''(0) > 0$ である. したがって, $\varphi(t)$ は $t = 0$ で下

に凸であって極小値をもつ．つまり，$f(x,y)$ は (x_0,y_0) で (a,b) 方向について極小値をもつのである．(a,b) が任意のベクトルであることから，$f(x,y)$ は (x_0,y_0) で（あらゆる方向について）極小であることが分かる．(2) も同様にして分かる．□

このようにして，極小値，極大値の特長づけはできたわけだが，実際に与えられた関数のヘシアンについて，それが正定値であるか負定値であるかを判定するのに，この定義のままでは分かりにくいのも事実である．

2 変数関数の場合には，次のような判定条件がよく知られている．

命題 9.49 (2 変数関数の極大・極小)

(x_0, y_0) が臨界点のときに，

(1)　もし $|H_f| > 0$ かつ $f_{xx} > 0$ ならば $f(x,y)$ は (x_0, y_0) において極小である．

(2)　もし $|H_f| > 0$ かつ $f_{xx} < 0$ ならば $f(x,y)$ は (x_0, y_0) において極大である．

このことの証明は思いのほか簡単である．「$|H_f| = f_{xx} \cdot f_{yy} - (f_{xy})^2 > 0$ かつ $f_{xx} > 0$」という条件をふまえて，

$$\alpha a^2 + 2\beta ab + \delta b^2 = f_{xx}a^2 + 2f_{xy}ab + f_{yy}b^2$$

を平方完成してみると，

$$f_{xx}a^2 + 2f_{xy}ab + f_{yy}b^2 = f_{xx}\left(a + \frac{f_{xy}}{f_{xx}}b\right)^2 + \frac{f_{xx} \cdot f_{yy} - (f_{xy})^2}{f_{xx}}b^2 > 0$$

が得られる．

> **つぶやき**
>
> 線形代数を習うと，正方行列の固有値という概念を学習する．この言葉を使うと，正定値であるとは固有値がすべて正の実数であることと同値である．負定値は固有値がすべて負の実数であることと同値である．
>
> 実際に 2 変数関数が極小・極大であるかどうかを確認するのには命題 9.49 さえあれば十分なのであるが，この命題は図形的な意味合いが分かりにくく，発展性に乏しい．ぜひ多角的な意味合いを理解することをお勧めする．

正定値でも負定値でもない場合のうち，$|H_f| < 0$ の場合には別の用語が準備されている．

定義 9.50 (鞍点 (saddle point))　もし $|H_f| < 0$ のときは (x,y) を**鞍点**（あんてん）とよぶ．

グラフの形状と極大・極小・鞍点のイメージを比較しておこう．ただし，この図形的イメージがわかっていたからといって極大極小鞍点が計算できるわけではない．

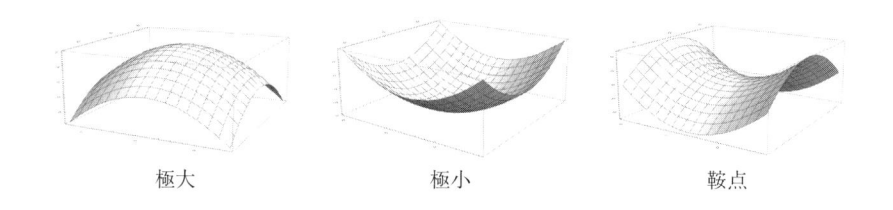

極大　　　　　極小　　　　　鞍点

つぶやき

「鞍点」という言葉の意味についてであるが，読者は「馬の鞍（くら）」といわれてそれがどういうものであるか思い浮かぶだろうか？ 馬に乗るときに馬の背中に「座席」のようなものを乗せるが，その馬具のことを「鞍」とよぶのである．英語では saddle である．実際に鞍は上図のようなねじれたような形をしているのである．自転車にもサドルとよばれる部品（座るところ）があるが，自転車のほうはここまで形がねじれていない．

例 9.51　$f(x,y) = \sin x + \cos y$ として，この関数の臨界点を求める．$f_x(x,y) = \cos x, f_y(x,y) = -\sin y$ である．$f_x(x,y) = 0, f_y(x,y) = 0$ を解くと，$\cos x = \sin y = 0$ であるので，$x = \dfrac{\pi}{2} + m\pi, y = n\pi$ (m,n は整数) と求まる．

次に，これら臨界点におけるヘシアンを求めよう．

$f_{xx}(x,y) = -\sin x, f_{yx}(x,y) = 0, f_{yy}(x,y) = -\cos y$ である．したがって，ヘシアンの行列式は $|H_f| = f_{xx}f_{yy} - f_{xy}^2 = (-\sin x)(-\cos y) = (\sin x)(\cos y)$ と求まる．x 軸方向にも y 軸方向にも周期 2π をもつことがみてとれるので，$[0, 2\pi)$ の範囲で考えることにすると，$(x,y) = (\dfrac{\pi}{2}, 0)$ では $|H_f| = 1 \cdot 1 = 1 > 0$ で，$f_{xx} = -1 < 0$ なので，この点で関数は極大であることが示される．同様に調べて

みると，$(x,y) = (\frac{3\pi}{2}, 0)$ では鞍点，$(x,y) = (\frac{\pi}{2}, \pi)$ でも鞍点，$(x,y) = (\frac{3\pi}{2}, \pi)$ では極小であることが示される．3次元グラフ描画ソフトウエアなどを用いて，実際にこの関数のグラフを描いてみよう．

注意 9.52 多変数関数 $f(x_1, x_2, \cdots, x_n)$ の場合にも，極大・極小を調べることができる．その手順を述べておこう．

（1） 臨界点を求める．つまり，$f_{x_1} = f_{x_2} = \cdots = f_{x_n} = 0$ を同時に満たすような (x,y) をすべて求める．これが極値の候補である（定義 9.41）．

（2） ヘシアン（ヘッセ行列）を求める．ここでは

$$H_f = \begin{pmatrix} f_{x_1 x_1} & f_{x_1 x_2} & \cdots & f_{x_1 x_n} \\ f_{x_2 x_1} & f_{x_2 x_2} & \cdots & f_{x_2 x_n} \\ \vdots & \vdots & \ddots & \vdots \\ f_{x_n x_1} & f_{x_n x_2} & \cdots & f_{x_n x_n} \end{pmatrix}$$

とする（定義 9.42）．

（3） それぞれの臨界点において，行列 H_f の固有値を求める．固有値の求め方については線形代数の教科書を参照すること．

（4） 固有値がすべて正の実数であれば極小，固有値がすべて負の実数であれば極大であることがわかる（定理 9.48）．

この章の最後の話題として，ラグランジュの未定乗数法を紹介しよう．これは 2 変数関数の条件つき極大，極小を求めるための公式である．

命題 9.53（ラグランジュの未定乗数法 (Lagrange multiplier)）

$g(x,y), f(x,y)$ を C^1 級の 2 変数関数とする．$g(x,y) = 0$ を満たす x, y のなかで $f(x,y)$ の極大値（または極小値）を満たすものは次の連立方程式を満たす．

$$\begin{cases} f_x(x,y) = \lambda g_x(x,y) \\ f_y(x,y) = \lambda g_y(x,y) \\ g(x,y) = 0 \end{cases}$$

（λ は「ラムダ」と読んで，ギリシャ文字の 1 つである．）

例 9.54 $x+2y=1$ を満たす (x,y) について xy の最大値の候補を求めよう. $g(x,y)=x+2y-1, f(x,y)=xy$ として未定乗数法を適応してみる. $g_x=1, g_x=2, f_x=y, f_y=x$ であるから, 未定乗数法の連立方程式は

$$\begin{cases} y = \lambda \cdot 1 \\ x = \lambda \cdot 2 \\ x+2y-1 = 0 \end{cases}$$

となる. 第1式より $y=\lambda$, 第2式より $x=2\lambda$ がただちに得られる. これらを第3式に代入して $2\lambda+2\cdot\lambda-1=0$. これを解いて $\lambda=\dfrac{1}{4}$ を得る. したがって $(x,y)=\left(\dfrac{1}{2},\dfrac{1}{4}\right)$ が最大最小の候補となる. このときの xy の値は $xy=\dfrac{1}{2}\cdot\dfrac{1}{4}=\dfrac{1}{8}$ となる.

残念ながら, 未定乗数法だけでは, 求められた (x,y) はその値 $f(x,y)$ が極大なのか, 極小なのかを判別する方法はない.

この場合には, $x+2y=1$ のグラフと $xy=k$ (k は定数)のグラフとを並べてみることにより, $(x,y)=\left(\dfrac{1}{2},\dfrac{1}{4}\right)$ が最大を与えていることが分かるのである.

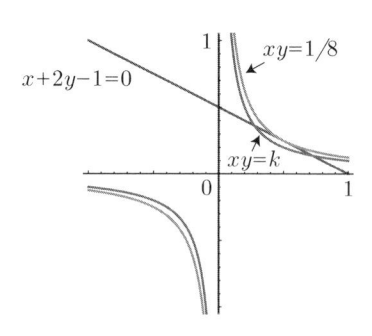

注意 9.55 未定乗数法を用いる計算問題では, 未定乗数である λ と (x,y) を求めるところまでを課題とする場合が多く, その計算によって求まった (x,y) が極大・極小・最大・最小を与えるかどうかを判定するところまでは問われないのが普通である.(λ が複数個求まる場合もある.) その理由は, 一律に極大・極小を判定する方法がないからである. $g(x,y)=0$ や $k=f(x,y)$ というグラフ(今の例

では $x+2y-1=0$ や $k=xy$ のグラフ）の概形を調べて，求まった (x,y) がどのような位置にあるのかを調べることにより最終的な結論を得なければならない．グラフの形を手計算で完全に把握することは難しい場合もあり，手計算で必ず求まるわけではないのが現状である．

注意 9.56 なぜ未定乗数法で $f(x,y)$ の極大・極小の候補が見つかるか，の理由を考察してみよう．λ は定数であるとして，$F(x,y)=f(x,y)-\lambda g(x,y)$ という 2 変数関数を考える．$g(x,y)=0$ という条件のもとでは $F(x,y)=f(x,y)$ であることに注意しよう．

$F(x,y)$ の臨界点を見つけるとどうなるだろうか．臨界点にはいろいろな形があるが，(x,y) において $F(x,y)$ が極大・極小であるならば $F_x(x,y)=F_y(x,y)=0$ を満たすことになる．

いま，
$$F_x(x,y)=0 \iff f_x(x,y)=\lambda g_x(x,y)$$
$$F_y(x,y)=0 \iff f_y(x,y)=\lambda g_y(x,y)$$

であるから，この 2 式と $g(x,y)=0$ とを連立して解けば，「$f(x,y)$ の極小・極大の候補」が得られると考えられる．

あくまで候補でしかない，というのは「$g(x,y)=0$ という条件のもとでは $F(x,y)=f(x,y)$」というだけなのであって，$F(x,y)$ の極大極小と $f(x,y)$ の極大極小が完全に一致するわけではないからである．

例 9.57 $x^2+2y^2=1$ を満たす (x,y) について $2x+y$ の最大値，最小値を求めよう．まずは未定乗数法で立式する．$g(x,y)=x^2+2y^2-1, f(x,y)=2x+y$ とおく．$g_x=2x, g_y=4y, f_x=2, f_y=1$ であることから，$f_x=\lambda g_x, f_y=\lambda g_y, f(x,y)=0$ を並べて書くと

$$\begin{cases} 2 = \lambda \cdot 2x \\ 1 = \lambda \cdot 4y \\ x^2+2y^2-1=0 \end{cases}$$

第 1 式より $x=\dfrac{1}{\lambda}$，第 2 式より $y=\dfrac{1}{4\lambda}$ である．この 2 つを第 3 式に代入して，$\dfrac{1}{\lambda^2}+2\cdot\dfrac{1}{(4\lambda)^2}=1$．$\lambda=\pm\dfrac{3\sqrt{2}}{4}$ を得る．これを元の式に代入して，$(x,y)=$

$\left(\pm\dfrac{2\sqrt{2}}{3},\pm\dfrac{\sqrt{2}}{6}\right)$ であって，そのときの $f(x,y)$ の値は $\pm\dfrac{3}{2}\sqrt{2}$ となる．

つぶやき

2 次式程度の問題であれば，じつは未定乗数法を使うには及ばない．例 9.54 であれば，これは単に $x+2y-1=0$ と $k=xy$ から x を消去すれば，y だけの 2 次式になり，最大値を容易に求めることができる．

例 9.57 のように，$g(x,y)=0$ が円や楕円の場合には，三角関数を用いてパラメータ表示してしまうのがうまいやり方である．$x^2+2y^2=1$ を満たす (x,y) は，$x^2+(\sqrt{2}y)^2=1$ なので

$$x=\cos\theta,\quad y=\dfrac{1}{\sqrt{2}}\sin\theta$$

とパラメータ表示されることがわかる．これを $2x+y$ に代入して θ の関数として増減表を作れば最大最小を求めることができる．

簡単な問題の場合に未定乗数法以外の解き方があるからといって未定乗数法の価値が下がるわけではない．我々はいろいろな解法を知っていることに意味があるのだ．

◆章末問題 A ◆

演習問題 9.1 $f(x,y)=\begin{cases}\dfrac{x^3+y^3}{x^2+y^2} & ((x,y)\neq(0,0) \text{ のとき})\\ 1 & ((x,y)=(0,0) \text{ のとき})\end{cases}$

は連続でないことを示せ．

演習問題 9.2 $f(x,y)=\dfrac{x^4+2y^4}{x^2+y^2}$ （ただし $(x,y)\neq(0,0)$）

について，$f_{xx},f_{xy},f_{yx},f_{yy}$ をそれぞれ計算せよ．

演習問題 9.3 （1） 例 9.31 を検算せよ．
（2） 例 9.38 を検算せよ．

演習問題 9.4 $f(x,y)=x^2-2xy+y^3+y^2-3y$ とする．
（1） 臨界点をすべて求めよ．
（2） 臨界点が極大か，極小か，鞍型かを判定せよ．

演習問題 9.5 定理 9.48 の証明の中の次の部分を検算せよ．$f_x(x_0, y_0) = f_y(x_0, y_0) = 0$ とする．$\varphi(t) = f(x_0 + at, y_0 + bt)$ とおいたとき

$$\varphi'(0) = 0$$
$$\varphi''(0) = f_{xx} \cdot a^2 + 2f_{xy} \cdot ab + f_{yy} \cdot b^2$$

となることを示せ．

◆章末問題 B ◆

演習問題 9.6 $(x,y) \neq (0,0)$ において $f(x,y) = \dfrac{2x^3 + y^3}{x^2 + 2y^2}$ を考えたときの $f_x(x,y), f_y(x,y)$ を求めよ．

演習問題 9.7 $\displaystyle\lim_{(x,y) \to (0,0)} \dfrac{\partial}{\partial x} \dfrac{x^3 + y^3}{x^2 + y^2}$ は極限を持たないことを示せ．

演習問題 9.8 $f(x,y) = e^{-x^2 - y^2}$ とする．θ を定数として $x = g(r) = r\cos\theta, y = h(r) = r\sin\theta$ とおいたときの，$\dfrac{d}{dr} f(g(r), h(r))$ を求めよ．

演習問題 9.9
$$f(x,y) = \begin{cases} \dfrac{x^3 + y^3}{x^2 + y^2} & ((x,y) \neq (0,0)) \\ 0 & ((x,y) = (0,0)) \end{cases}$$
は C^1 級ではないことを示せ．

演習問題 9.10 平面のグラフ $z = ax + by + c$ について，ベクトル $(a, b, -1)$ はこの平面に直交することを示せ．

演習問題 9.11 $f(x,y) = (x + 2y + xy)^2$ について，3 次までのテイラー展開を求めよ．

演習問題 9.12 $f(x,y) = \sin(x+y)\cos(x-y)$ について，3 次までのテイラー展開を求めよ．

演習問題 9.13 $\sin(x + y^2)$ の 4 次までのテイラー展開を求めよ．

演習問題 9.14 $g(x) = x + 2y - 1 = 0$ の条件の下で $f(x,y) = xy$ の最大値

を求める問題で，$\lambda = \dfrac{1}{4}$, $(x,y) = \left(\dfrac{1}{2}, \dfrac{1}{4}\right)$ は極大・極小の候補だった．

$F(x,y) = xy - \dfrac{1}{4}(x+2y-1)$ とおいたときに $(x,y) = \left(\dfrac{1}{2}, \dfrac{1}{4}\right)$ は極大・極小・鞍点のうちどれになっているだろうか？

演習問題 9.15 $x^2 + xy + y^2 = 1$ のときの $3x^2 - 2xy + 4y^2$ の最大，最小を求めよ．

（1） ラグランジュの未定乗数法を用いて求めよ．

（2） $x^2 + xy + y^2 = 1$ という条件から，x, y を何かパラメータで書き表す方法を考え，それにより求めよ．

（3） $\varphi(x,y) = \dfrac{3x^2 - 2xy + 4y^2}{x^2 + xy + y^2}$ の最大，最小と一致することを示し，$\varphi(x,y) = t$ が x について実数解をもつための t の条件を求めよ．

演習問題 9.16 $(x,y) \neq (0,0)$ のときの $f(x,y) = \dfrac{5x^2 + 4xy + 2y^2}{x^2 + y^2}$ の最大値，最小値を求めよ．この問題を次の 4 通りの方法で解け．

（1） 極座標変換して求める．（これが一番容易．）

（2） $f(x,y) = t$ とおいて，これを x の方程式とみて実数解が存在する条件を書きだしてみる．（これが 2 番目に容易．）

（3） 対称行列の表す 2 次形式の理論から求める．（『考える線形代数』演習問題 16.7 を用いる．）（理窟を知っていればけっこう楽．）

（4） $t = \dfrac{x}{y}$ とおいて，t の関数として増減表を作る．（これは大変．）

演習問題 9.17 $x^2 + y^2 = \pi^2$ のときの $\sin x + \cos y$ の最大と最小を求めよ．

◆章末問題 C ◆

演習問題 9.18 命題 9.21 を証明せよ．まず，ベクトル $(1, 0, f_x), (0, 1, f_y)$ がグラフ $z = f(x,y)$ に接していることを示す．ただし，合成関数の微分公式を用いてもよいこととする．

演習問題 9.19 合成関数の微分公式を証明しよう．教科書本文では 1 次近似，全微分，方向微分，という順序で説明したが，実際には合成関数の微分公式は単

独で証明可能である．具体的には演習問題 2.10, 2.11 と同じ方針であるが，イプシロン・デルタを含むような微細な考察が必要である．他の教科書で証明を調べてみる，というのもよいと思う．

演習問題 9.20 例 9.39 の最後の部分は微妙にごまかしているのだがわかるだろうか？ここでは $\log(1+x-y)$ を表す級数を 2 通りの方法で求めているが，それらはどちらも $\log(1+x-y)$ と等しいのだから級数としても一致するだろう，という趣旨のことをいっているのである．この部分をごまかさずに説明できるだろうか？

第 10 章
重積分

10.1 グラフで囲まれた平面領域

この章では多変数関数のうちの 2 変数関数について，定積分する方法について紹介する．変数が 2 つ以上になると，$\int_a^b f(x)\,dx$ のように x について a から b まで積分すればよいというわけにはいかないので，積分する範囲の決め方について大きな枠組が必要である．

ここでは $f(x,y)$ という 2 変数の関数を定積分することを考えよう．そのために積分する (x,y) の範囲を考えなければいけないことになる．具体的にいうと，xy 平面上の領域を考えてその領域について積分を行うことになる．この議論を正確に記述するために xy 平面におけるグラフで囲まれた領域について定義しておこう．これは不等式で与える方法が一般的である．

定義 10.1 (グラフに囲まれた領域) $a \leq x \leq b$ の範囲で，2 つのグラフ $y = g(x)$ と $y = h(x)$ にはさまれた領域を**グラフに囲まれた領域**という．

$$\{(x,y) \mid a \leq x \leq b, g(x) \leq y \leq h(x)\}$$

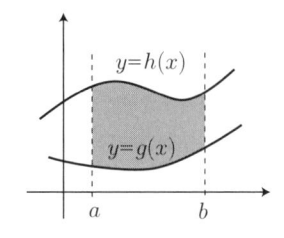

例 10.2 領域 $\{(x,y) \mid 0 \leq x \leq 1, 0 \leq y \leq x\}$ は $0 \leq x \leq 1$ の範囲で，$0 \leq y \leq x$ にはさまれた領域であると考えることができる．

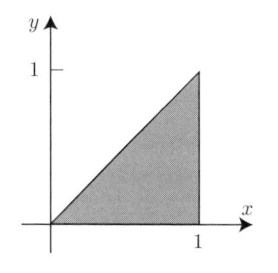

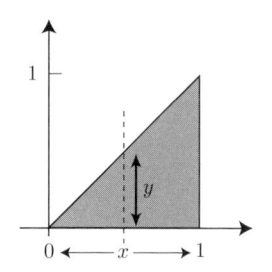

つぶやき

この場合は，まず x の範囲を $0 \leq x \leq 1$ と決めておいて，そのそれぞれの x に対して y の範囲を $g(x) \leq y \leq h(x)$ と決めるという道筋で考える．つまり，y は $g(x)$ よりは上で，$h(x)$ よりは下，ということになる．三角形の例では x 軸 ($y = 0$) より上，$y = x$ より下にあるということから $0 \leq y \leq x$ という式で表されることが分かる．

例 10.3 平面上の領域を不等式で表すときに，x, y の順番で決めなければいけないわけではない．つまり，x, y の役割を反対に考えて，

$$\{(x, y) \mid a \leq y \leq b, g(y) \leq x \leq h(y)\}$$

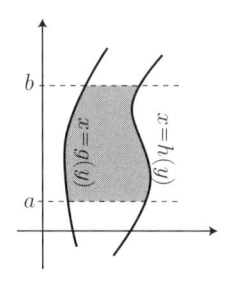

と表すことも考えられる．上の例の三角形領域 $\{(x, y) \mid 0 \leq x \leq 1, 0 \leq y \leq x\}$ を y から考えるとどうなるだろうか？ 図から y の範囲が $0 \leq y \leq 1$ であることが分かり，そのときの x の範囲を考えると $y \leq x \leq 1$ にはさまれた領域であるので，

$$\{(x, y) \mid 0 \leq x \leq 1, y \leq x \leq 1\}$$

と表すことができる．

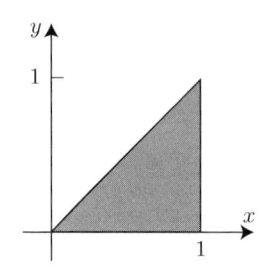

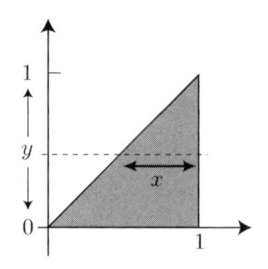

10.2 累次積分

定義 10.4 (累次積分) 領域 D がグラフに囲まれた領域 $\{(x,y) \mid a \leq x \leq b, g(x) \leq y \leq h(x)\}$ のとき，**領域 D 上の累次積分**(**重複積分**)とは

$$\iint_D f(x,y)\,dxdy = \int_a^b \left(\int_{g(x)}^{h(x)} f(x,y)\,dy \right) dx$$

である．

例 10.5 領域 D を $x \leq 1, y \leq x, 0 \leq y$ の範囲として，上の三角形領域 D における $f(x,y) = x^2 + xy$ の累次積分を 2 つの方法で立式してみよう．$0 \leq x \leq 1$ の範囲で，$0 \leq y \leq x$ にはさまれた領域であることから，累次積分は

$$\iint_D f(x,y)dxdy = \int_0^1 \left(\int_0^x (x^2 + xy)dy \right) dx$$

となる．y について先に積分するときには，最初 x は文字定数として扱うことが重要である．つまり，x は文字定数とみなして y についての計算を行い

$$\int_0^x (x^2 + xy)dy = \left[x^2 y + \frac{1}{2}xy^2 \right]_0^x$$

という計算になるわけである．さらに計算して

$$\begin{aligned}
&= \int_0^1 \left(\left[x^2 y + \frac{1}{2}xy^2 \right]_0^x \right) dx \\
&= \int_0^1 \left(x^2 \cdot x + \frac{1}{2}x \cdot x^2 \right) - \left(x^2 \cdot 0 + \frac{1}{2}x \cdot 0^2 \right) dx \\
&= \int_0^1 \frac{3}{2}x^3\,dx = \left[\frac{3}{8}x^4 \right]_0^1 = \frac{3}{8} \cdot 1^4 - \frac{3}{8} \cdot 0^4 = \frac{3}{8}
\end{aligned}$$

を得る.

> **つぶやき**
>
> $\int_0^x (x^2 + xy)dy = \left[x^2 y + \frac{1}{2}xy^2\right]_0^x = \frac{3}{2}x^3$ という計算は慣れないとかなり戸惑うと思う．なぜかというとやはり x を文字定数とみなすのに慣れていないからであろう．真ん中の式では $y = x$ のときの式から $y = 0$ のときの式を引く，という意味である．x のところを文字定数としてなじみ深い a に書きなおしてみると
>
> $$\int_0^a (a^2 + ay)dy = \left[a^2 y + \frac{1}{2}ay^2\right]_0^a = \frac{3}{2}a^3$$
>
> となり，これならわかりやすいのではないか．

例 10.6 同じ積分の式を，x, y の順番を逆にした累次積分で計算してみよう．$0 \leq y \leq 1$ の範囲で，$y \leq x \leq 1$ にはさまれた領域だと考えれば，累次積分は $\int_0^1 \left(\int_y^1 (x^2 + xy) \, dx \right) dy$ となる．今度は x について先に積分する形になる．

$$= \int_0^1 \left(\left[\frac{1}{3}x^3 + \frac{y}{2}x^2\right]_y^1 \right) dy = \int_0^1 \left(\left(\frac{1}{3} \cdot 1^3 + \frac{y}{2} \cdot 1^2\right) - \left(\frac{1}{3}y^3 + \frac{y}{2}y^2\right) \right) dy$$

$$= \int_0^1 \left(\frac{1}{3} + \frac{1}{2}y - \frac{5}{6}y^3 \right) dy = \left[\frac{1}{3}y + \frac{1}{4}y^2 - \frac{5}{24}y^4\right]_0^1$$

$$= \left(\frac{1}{3} \cdot 1 + \frac{1}{4} \cdot 1^2 - \frac{5}{24} \cdot 1^4 \right) - \left(\frac{1}{3} \cdot 0 + \frac{1}{4} \cdot 0^2 - \frac{5}{24} \cdot 0^4 \right) = \frac{8 + 6 - 5}{24} = \frac{3}{8}$$

注意 10.7 変数の順番をかえても最終的な累次積分の答えは変わらないことを上の例で観察することができるが，そのことの理由をこの教科書の中で述べることはしない．興味がある読者は桂田祐史・佐藤篤之著『力のつく微分積分 II』の第 2.2 節を読むことを薦める．

累次積分は，領域 D がグラフに囲まれている場合の**具体的な積分の計算の方法**を与えているに過ぎない．領域 D が凹凸に満ちた複雑な形をしている場合には，さらなる考察が必要である．

10.3 重積分，リーマン和

一般的な領域 D についての 2 変数関数 $f(x,y)$ を定積分することを重積分というが，その定義は次に紹介されているようなリーマン和によるものである．リーマン和は実際に積分の値を求める計算には向かないので，実際の計算においては，D をいくつかのグラフに囲まれた領域に分割し，それぞれの値を累次積分により求めることになる．

1 変数関数の定積分が面積を与えるように，2 変数関数の重積分はグラフと xy 平面とで囲まれる部分の体積を与えると考えられる．ここで，2 変数関数についてのリーマン和を考え，その極限を重積分とよぶことにする．

定義 10.8（**重積分** (multiple integral)）xy 平面上の領域 D と，この上で定義されているような 2 変数関数 $f(x,y)$ を考える．関数のグラフ $z=f(x,y)$ と xy 平面で挟まれている立体領域を E とする．領域 D を一辺 δ の十分細かい正方形の集まりで近似し，立体領域 E を直方体の和で近似することができる．この和をリーマン和という．

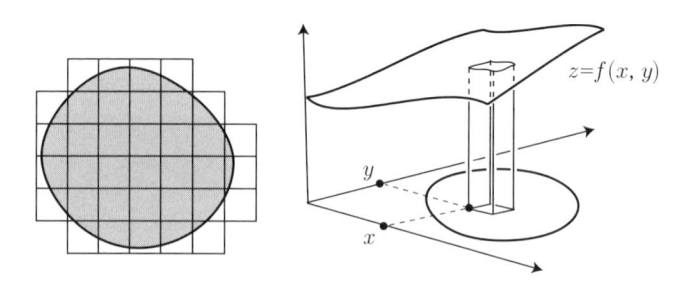

正方形の一辺の長さ δ について $\delta \to 0$ という極限を考えて，直方体の体積の和がある値に収束するとき，これを領域 D における $f(x,y)$ の重積分といい，$\iint_D f(x,y)\,dxdy$ と書く．重積分は $(x,y) \in D$ の範囲内の，$z=f(x,y)$ の空間グラフと $xy-$ 平面とで挟まれた 3 次元領域の符号付き体積を与える．

1 変数関数のリーマン和が「長方形の面積の和（区分求積）」であったように，2 変数関数のリーマン和は「直方体の体積の和」である．ここでは「体積とは何か」という哲学的命題にはふれぬこととし，重積分で求めることのできる定積分の値は体積とよぶにふさわしいものであることを保証するにとどめる．

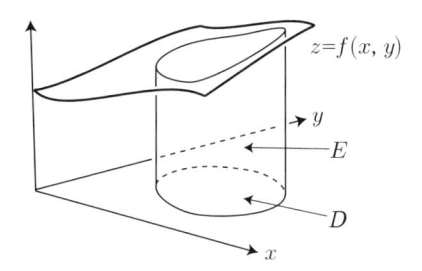

―― 命題 10.9 ――

平面領域 D に対して, $\iint_D dxdy$ は D の面積を与える.

つまりこれは平面領域 D を底面とし, 高さが 1 であるような直柱の体積が D の面積 (×1) であること主張している. 直柱を細かい直方体の集まりであると考え, その体積は底面積 × 高さ (この場合は 1) であると考えれば, この公式の意味が見えてくるだろう.

―― 命題 10.10 ――

1 つの平面領域 D を 2 つの交わらない平面領域 D_1, D_2 に分割するとき,
$$\iint_{D_1} f(x,y)\, dxdy + \iint_{D_2} f(x,y)\, dxdy = \iint_D f(x,y)\, dxdy$$
である.

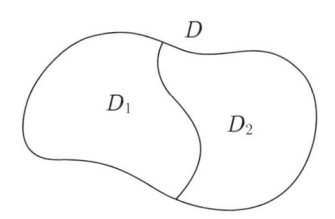

この公式も直感的にはじつに自然である. $\iint_D f(x,y)\, dxdy$ が細かい直円柱の集まりであると考えたとき, それが D_1 を覆うものと D_2 を覆うものとに分けて

考えればこの公式は正しい(ように思える).

D を D_1, D_2 へと分割するときの分割線が曲線だったときにももちろんこの公式は成り立つが，いずれにしろ，D_1 と D_2 の両方にまたがる直方体がたくさんあることになり，それらの体積をどのように算出するかを考えることになる．厳密な議論の難しさの一端が見えてくるだろう．

直感的な重積分の理解にはこれで十分であるが，厳密を期そうとすると話はじつに複雑であり，数学的な証明が必要である．それらについてこの教科書で細かく触れることはしない．重積分については累次積分で求められる（もしくはいくつかに分割すれば累次積分で求められる）ようなものに限定して考えることにする．

命題 10.11 (重積分に関する公式)

（1） D がグラフに囲まれた領域の場合には，重積分と累次積分は一致する．

（2） $$\iint_D f_1(x,y)\, dxdy + \iint_D f_2(x,y)\, dxdy$$
$$= \iint_D (f_1(x,y) + f_2(x,y))\, dxdy$$

（3） $0 < f(x,y)$ ならば $0 < \iint_D f(x,y)\, dxdy$

（4） $\left|\iint_D f(x,y)\, dxdy\right| \leq \iint_D |f(x,y)|\, dxdy$

証明． (1) が成り立つおおまかな理由について述べよう．

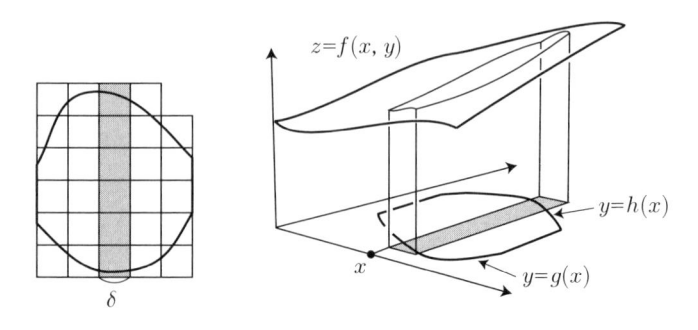

図において，いったん x を固定して考える．x から $x+\delta$ で挟まれた部分の

リーマン和を考えると，これは右図の平たい部分にあたる．この平たい部分の体積を考えると，厚さが δ であって，大きな側面の面積がおおよそ $\int_{g(x)}^{h(x)} f(x,y)\, dy$ であると考えられるのでその体積は

$$\delta \cdot \int_{g(x)}^{h(x)} f(x,y)\, dy$$

である．これを $a \leq x \leq b$ まで総和を取ることを考えれば，その全体は

$$\int_a^b \left(\int_{g(x)}^{h(x)} f(x,y)\, dy \right) dx$$

であると考えられ，これはまさに累次積分の式である．

ここで回り道をして D がグラフに囲まれた領域の場合の命題 10.9 と 10.10 の説明をしてみよう．$D = \{(x,y) \mid a \leq x \leq b, g(x) \leq y \leq h(x)\}$ であったとしよう．このとき，

$$\iint_D dxdy = \int_a^b \left(\int_{g(x)}^{h(x)} dy \right) dx = \int_a^b (h(x) - g(x))\, dx$$

であるが，この右辺は D の面積に他ならない．

また，この D を $k(x)$（ただし $g(x) \leq k(x) \leq h(x)$ とする）により分割すると，

$$D_1 = \{(x,y) \mid a \leq x \leq b, g(x) \leq y \leq k(x)\},$$
$$D_2 = \{(x,y) \mid a \leq x \leq b, k(x) \leq y \leq f(x)\}$$

と表すことができる．(等号つき不等号の扱いがあいまいなような気がするかもしれないが，この場合には境界線上の積分は無視できるので問題ない．) したがって，

$$\iint_{D_1} f(x,y)\, dxdy + \iint_{D_2} f(x,y)\, dxdy$$
$$= \int_a^b \left(\int_{g(x)}^{k(x)} f(x,y)\, dy \right) dx + \int_a^b \left(\int_{k(x)}^{h(x)} f(x,y)\, dy \right) dx$$
$$= \int_a^b \left(\int_{g(x)}^{k(x)} f(x,y)\, dy + \int_{k(x)}^{h(x)} f(x,y)\, dy \right) dx$$
$$= \int_a^b \left(\int_{g(x)}^{h(x)} f(x,y)\, dy \right) dx$$

$$= \iint_D f(x,y)\,dxdy$$

が成り立つ.

(2) D がグラフに囲まれた領域の場合について示す.

$$\iint_D f_1(x,y)\,dxdy + \iint_D f_2(x,y)\,dxdy$$
$$= \int_a^b \left(\int_{g(x)}^{h(x)} f_1(x,y)\,dy \right) dx + \int_a^b \left(\int_{g(x)}^{h(x)} f_2(x,y)\,dy \right) dx$$
$$= \int_a^b \left(\int_{g(x)}^{h(x)} f_1(x,y)\,dy + \int_{g(x)}^{h(x)} f_2(x,y)\,dy \right) dx$$
$$= \int_a^b \left(\int_{g(x)}^{h(x)} (f_1(x,y) + f_2(x,y))\,dy \right) dx$$
$$= \iint_D (f_1(x,y) + f_2(x,y))\,dxdy$$

以上により正しい.

(3) リーマン和は直方体の体積の和である. $f(x,y)$ の値が正であれば,直方体の体積は正であると考えるので,その和も正である.重積分は正のものの極限なので,その値は 0 以上であると考えられる. 1 変数関数のリーマン和のときのように,不足和のようなものを考えれば,この値が決して 0 以下にならないことも保証できる.したがってこの重積分の値は正になる.

(4) リーマン和は直方体の体積の和の極限である. $\left| \iint_D f(x,y)\,dxdy \right|$ を考えるときには正の直方体の体積と負の直方体の体積の総和をまず考えてから全体の絶対値をとっている. $\iint_D |f(x,y)|\,dxdy$ を考えるときには,まず直方体の体積の符号をすべて正にしてから総和をとっている.後者のほうが一般的に大きいのは,不等号 $|a+b| \leq |a| + |b|$ が意味するところと同じである. □

つぶやき

積分の応用の章で,「断面積を積分すると体積になる (命題 6.17)」という話があったが,累次積分 $\int_a^b \left(\int_{g(x)}^{h(x)} f(x,y)\,dy \right) dx$ とはまず x を固定してそこでの断

面積 $S(x) = \int_{g(x)}^{h(x)} f(x,y)\,dy$ を求め，それを x について積分 $\int_a^b S(x)\,dx$ する，と解釈することもできる．つまり累次積分とは断面積の積分であり，それが重積分=体積に等しいという解釈をすれば，ここでの説明は命題 6.17 の再解釈であるとみなすことができるのである．

例 10.12 「2つの直円柱(半径1)の軸が直交しているときの共通部分」について考えてみよう．

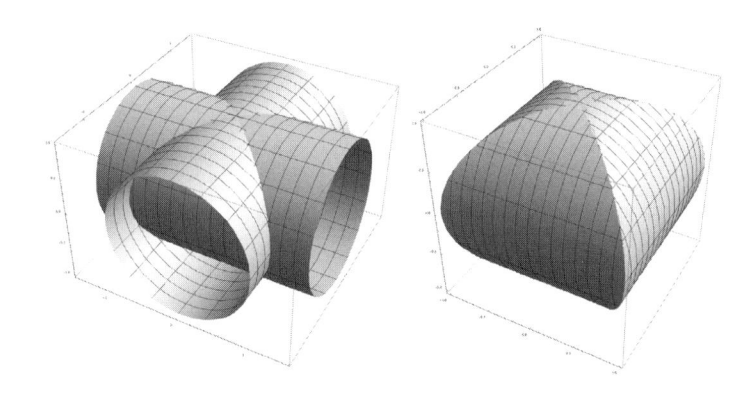

この立体領域の 8 分の 1 の部分について，重積分で求めることができる．

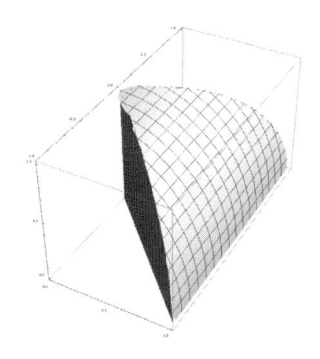

この立体領域の 8 分の 1 の部分について，曲面部分は領域 $D = \{(x,y) \mid 0 \leq x \leq 1, -x \leq y \leq x\}$ 上の関数のグラフと考えることができ(図は領域 D を表してしている)，その関数は $f(x,y) = \sqrt{1-x^2}$ である．(y 方向にのびる円柱の一部分なので，y にはよらない関数である．) 実際に $\iint_D \sqrt{1-x^2}$ を計算してみよう．

領域 D

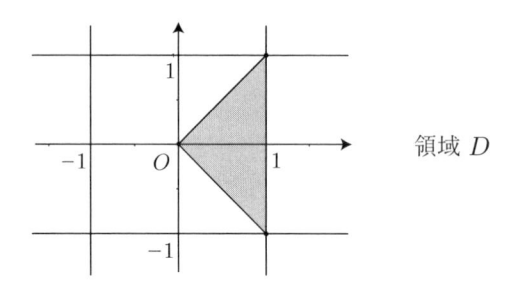

$$\iint_D \sqrt{1-x^2} = \int_0^1 \left(\int_{-x}^x \sqrt{1-x^2}\, dy \right) dx$$
$$= \int_0^1 \left(\left[\sqrt{1-x^2}\, y \right]_{-x}^x \right) dx = \int_0^1 \left(\sqrt{1-x^2} \right)(x-(-x))\, dx$$
$$= \int_0^1 2x\sqrt{1-x^2}\, dx$$

ここで，被積分関数が $2xf(x^2) = (x^2)' \cdot f(x^2)$ の形をしていることに注意しよう．(ただし，$f(X) = \sqrt{1-X}$．) $f(X)$ の原始関数は $-\dfrac{2}{3}(1-X)^{\frac{3}{2}}$ なので，$X = x^2$ とおけば，

$$\left(-\frac{2}{3}(1-x^2)^{\frac{3}{2}} \right)' = (x^2)' \cdot f(X) = 2x\sqrt{1-x^2}$$

となる．したがって，積分の値は

$$\int_0^1 2x\sqrt{1-x^2}\, dx = \left[-\frac{2}{3}(1-x^2)^{\frac{3}{2}} \right]_0^1 = 0 - \left(-\frac{2}{3} \right) = \frac{2}{3}$$

と求まる．このことから，求める体積は $\dfrac{16}{3}$ であることが分かる．

つぶやき

この教科書には数式処理ソフトウエアを用いた挿絵が多く使われている．(特定のソフトウエア名を挙げることは控えるが，フリーのものも有償のものもいろいろある．) 例 10.12 の挿絵もそうである．読者にもそういうソフトウエアを用いて同じような挿絵を書いてみることを薦める．また，多くの数式処理ソフトウエアには微分・積分の計算機能もついており，この教科書に載っている程

度の初等関数の微分・積分であればソフトウエアの力で計算できてしまうのである．このことはつまり，微分積分ですら，細かい計算をコンピュータまかせにできるという話とも考えられ，この教科書程度の微分積分の計算を間違うようではコンピュータに負けている，という教訓であるともいえる．コンピュータに負けないように筆者も精進の日々である．

◆章末問題 A ◆

演習問題 10.1 領域 $D = \{(x, y) \mid 0 \leq x \leq 1, 0 \leq y \leq 1, y \geq x^2\}$ をグラフに囲まれた領域として 2 通りの方法で書き表せ．

◆章末問題 B ◆

演習問題 10.2 図の領域を D とするとき $\displaystyle\iint_D \frac{dxdy}{y^2}$ を求めよ．

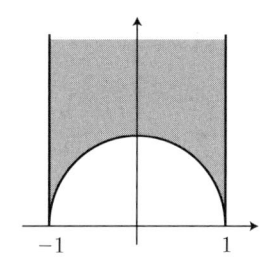

つぶやき

この演習問題は双曲幾何学に由来するものである．ベルトラミの双曲幾何モデルの理論によれば，上半平面 $\{(x, y) \mid y > 0\}$ に含まれる領域 D について，その双曲面積は $\displaystyle\iint_D \frac{dxdy}{y^2}$ で与えられる．x 軸にあたる部分は双曲幾何学における無限遠点にあたり，上の図は「3 頂点を異なる無限遠点とするような 3 角形」を意味し，理想三角形とよばれている．上の演習問題は「理想三角形の面積は π である」という命題の証明である．

演習問題 10.3 (パップス=ギュルダンの定理)

$$\text{回転体の体積} = \text{断面積} \times \text{断面の重心の移動距離}$$

を示せ．ただしここで，平面領域 D の重心とは

$$\left(\frac{\iint_D x\, dxdy}{\iint_D dxdy}, \frac{\iint_D y\, dxdy}{\iint_D dxdy} \right)$$

で与えられる点であるとする．

(1) D がグラフに囲まれた領域であるとしてこの公式を示せ．

(2) D をいくつかに分割してグラフに囲まれた領域に分けられるとしてこの公式を示せ．(パップスは 4 世紀のエジプトの数学者，ギュルダン (スイス生まれ) はオーストリアで活躍した数学者である．うまくはまれば簡単に求めることができるが，それは重心の座標を求めることができる場合 (円, 三角形, 平行四辺形など) に限る．)

演習問題 10.4 平面領域

$$D = \{(x,y) \mid |x| \leq y \leq \frac{x+3}{2}\}$$

の重心の座標を求めよ．(重心の定義は前問をみよ．) これは我々がよく知っている三角形の重心と一致しているか？

演習問題 10.5 平面領域

$$D = \{(x,y) \mid -1 \leq x \leq 1,\ x^2 \leq y \leq 1\}$$

の重心の座標を求めよ．(重心の定義は前々問をみよ．)

演習問題 10.6 領域 $D = \{(x,y) \mid 0 \leq x \leq 1, 0 \leq y \leq x\}$ について，$\iint_D \frac{1}{\sqrt{x^2+y^2}}$ を求めよ．

演習問題 10.7 (1) $y = (x-1)^2$ と $y = -x^2+1$ によって囲まれる部分を D とする．この領域の重心の座標を求めよ．(重心の定義は前をみよ．)

(2) 演習問題 6.12 の結果をパップス=ギュルダンの定理から考察してみよ．

◆章末問題 C ◆

演習問題 10.8 $a < b$ を満たす 2 つの実数 a, b について，$(a, 0)$ と $(b, 0)$ を直径の両端とするような上半円弧を S_{ab} と書くことにする．S_{ab} を，ベルトラミの双曲幾何モデルの理論における双曲直線とよぶ．

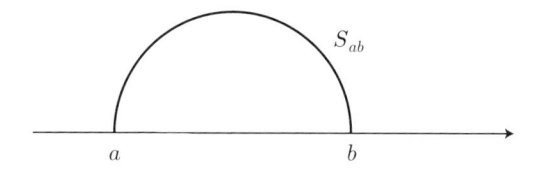

3 つの異なる実数 a, b, c について，S_{ab}, S_{bc}, S_{ac} で囲まれる領域を D とするとき，$\iint_D \dfrac{dxdy}{y^2}$（双曲面積）を求めよ．

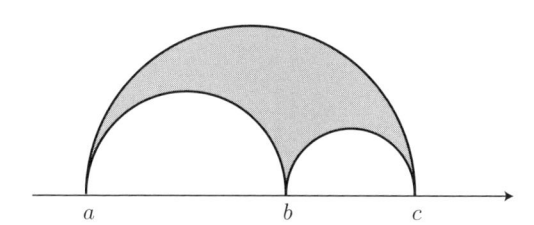

演習問題 10.9 次の図のような領域 D について $\iint_D \dfrac{dxdy}{y^2}$（双曲面積）を求めよ．

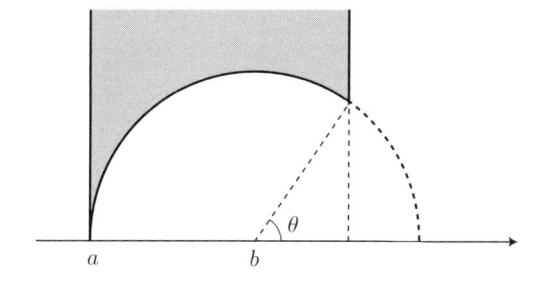

演習問題 10.10 演習問題 10.8 で定義した半円弧 S_{ab} を双曲直線と称するの

であれば，そのような半円弧 3 つによって囲まれるような領域は双曲幾何における三角形であるといえる．このような三角形について，

$$三角形の内角の和 = \pi - 三角形の双曲面積$$

という公式が成り立つことを証明せよ．

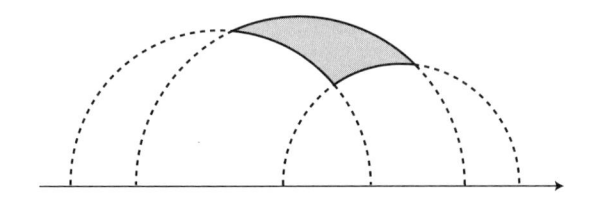

演習問題 10.11 $|x|^{\frac{2}{3}} + |y|^{\frac{2}{3}} + |z|^{\frac{2}{3}} \leq 1$ が表す部分の体積を求めよ．

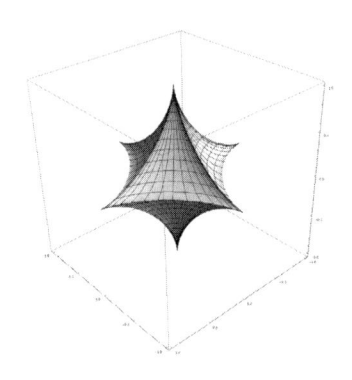

第 11 章

変数変換公式

11.1 合成関数の微分

2 変数関数にも合成関数を考えることはできた．微分公式は 9.5 節に与えた．そこでの合成関数とは $f(g(t), h(t))$ という形であり，$\dfrac{d}{dt}f(g(t), h(t)) = g'(t)f_x(g(t), h(t)) + h'(t)f_y(g(t), h(t))$ という微分公式であった．2 変数関数 $f(x, y)$ について変数の x, y を別の変数の組，たとえば s, t に置き換えたほうが計算が容易になることがあり，これを変数変換という．このときの微分公式から初めて，積分公式を導くのがこの章の目的である．

まずは微分公式を導くが，これは $f(g(t), h(t))$ という形の t という変数を s, t の 2 つに増やしただけなので，よく見ると合成関数の微分公式と同じことであるといえる．

命題 11.1 (変数変換の微分)

$x = g(s, t), y = h(s, t)$ とすると，
$$\frac{\partial}{\partial s}f(g(s, t), h(s, t)) = g_s \cdot f_x + h_s \cdot f_y = \frac{\partial g}{\partial s}\frac{\partial f}{\partial x} + \frac{\partial h}{\partial s}\frac{\partial f}{\partial y}$$
$$\frac{\partial}{\partial t}f(g(s, t), h(s, t)) = g_t \cdot f_x + h_t \cdot f_y = \frac{\partial g}{\partial t}\frac{\partial f}{\partial x} + \frac{\partial h}{\partial t}\frac{\partial f}{\partial y}$$
である．

注意 11.2 厳密に書くと
$$\frac{\partial}{\partial s}f(g(s, t), h(s, t)) = g_s(s, t)f_x(g(s, t), h(s, t)) + h_s(s, t)f_y(g(s, t), h(s, t))$$
$$\frac{\partial}{\partial t}f(g(s, t), h(s, t)) = g_t(s, t)f_x(g(s, t), h(s, t)) + h_t(s, t)f_y(g(s, t), h(s, t))$$

であるが，煩雑さを避けるために上のように書いた．

証明． 変数変換の微分公式が正しい理由は，合成関数の微分とまったく同じである．それで分かりにくければ，たとえば $\dfrac{\partial}{\partial s} f(g(s,t), h(s,t))$ の t を定数 a とおいてみると，$\dfrac{d}{ds} f(g(s,a), h(s,a))$ となり (変数 t を定数としたので，偏微分の記号が普通の微分の記号になっている)，これは $g_s(s,a) f_x(g(s,a), h(s,a)) + h_s(s,a) f_y(g(s,a), h(s,a))$ と等しいことが証明済みである． □

注意 11.3 行列とベクトルの積の定義

$$\begin{pmatrix} x & y \end{pmatrix} \begin{pmatrix} a & b \\ c & d \end{pmatrix} = \begin{pmatrix} ax + cy & bx + dy \end{pmatrix}$$

の式を用いると，上の変数変換の公式は

$$\begin{pmatrix} f_s & f_t \end{pmatrix} = \begin{pmatrix} f_x & f_y \end{pmatrix} \begin{pmatrix} g_s & g_t \\ h_s & h_t \end{pmatrix}$$

と書き表すことができる．このことから，行列 $\begin{pmatrix} g_s & g_t \\ h_s & h_t \end{pmatrix}$ を変数変換 $x = g(s,t), y = h(s,t)$ のヤコビ行列とよぶこともある．

例 11.4 a, b, c, d を定数とし，$ad - bc \neq 0$ であるとしよう．$x = g(s,t) = as + bt, y = h(s,t) = cs + dt$ による変数変換を考える．(これは行列 $\begin{pmatrix} a & b \\ c & d \end{pmatrix}$ による一次変換とよばれる．逆に s, t を x, y の式で表すと $s = \dfrac{dx - by}{ad - bc}, t = \dfrac{-cx + ay}{ad - bc}$ であるが，分母が 0 にならないように，$ad - bc \neq 0$ という条件が必要である．) このとき，$g_s(s,t) = a, g_t(s,t) = b, h_s(s,t) = c, h_t(s,t) = d$ となることを確かめよう．$\dfrac{\partial}{\partial s} f(g(s,t), h(s,t))$ を簡単に f_s などと書くことにすると，

$$f_s = g_s \cdot f_x + h_s \cdot f_y = a f_x + c f_y$$

$$f_t = g_t \cdot f_x + h_t \cdot f_y = b f_x + d f_y$$

となる. すなわち

$$\begin{pmatrix} f_s & f_t \end{pmatrix} = \begin{pmatrix} f_x & f_y \end{pmatrix} \begin{pmatrix} a & b \\ c & d \end{pmatrix}$$

である.

例 11.5 一次変換の特別な場合として，回転変換がある．このときは回転角 θ を固定して考えて，$x = g(s,t) = \cos\theta s - \sin\theta t, y = h(s,t) = \sin\theta s + \cos\theta t$ という変数変換によって与えられる.（回転変換がこの式で与えられることは線形代数の教科書を参照のこと.） 上の例と同じ計算により，

$$f_s = \cos\theta f_x + \sin\theta f_y, \quad f_t = -\sin\theta f_x + \cos\theta f_y$$

が得られる．ついでの計算ではあるが，

$$\begin{aligned}(f_s)^2 + (f_t)^2 &= (\cos\theta f_x + \sin\theta f_y)^2 + (-\sin\theta f_x + \cos\theta f_y)^2 \\ &= (\cos^2\theta + \sin^2\theta)(f_x)^2 + 2(\cos\theta\sin\theta - \sin\theta\cos\theta)f_x f_y \\ &\quad + (\sin^2\theta + \cos^2\theta)(f_y)^2 \\ &= (f_x)^2 + (f_y)^2\end{aligned}$$

というきれいな公式が成り立つことが知られている．

例 11.6 計算がやさしくなる例とは違うが，$f(s,t) = (s+t-1)^3 + 3(s-t)^2 + (s+t-1)^2(s-t)^3$ として，これを s や t で偏微分してみよう．もちろん，s, t の式をすべて展開して計算する方法もありうる．しかし，これは $x = g(s,t) = s+t-1, y = h(s,t) = s-t$ とおけば計算が簡単になる．$f(s,t)$ を x, y の式に書き直すと $f(x,y) = x^3 + 3y^2 + x^2 y^3$ となる.（$f(s,t)$ と $f(x,y)$ という記号は混乱すると考える読者は後者を $F(x,y)$ などと区別して書くとよい.） そうすると，公式により

$$f_s = \frac{\partial}{\partial s}(s+t-1) \cdot \frac{\partial}{\partial x}(x^3 + 3y^2 + x^2 y^3) + \frac{\partial}{\partial s}(s-t) \cdot \frac{\partial}{\partial y}(x^3 + 3y^2 + x^2 y^3)$$

$$= 1 \cdot (3x^2 + 2xy^3) + 1 \cdot (6y + 3x^2 y^2)$$

$$f_t = \frac{\partial}{\partial t}(s+t-1) \cdot \frac{\partial}{\partial x}(x^3 + 3y^2 + x^2 y^3) + \frac{\partial}{\partial t}(s-t) \cdot \frac{\partial}{\partial y}(x^3 + 3y^2 + x^2 y^3)$$

$$= 1 \cdot (3x^2 + 2xy^3) - 1 \cdot (6y + 3x^2 y^2)$$

を得る.(実際には $x=s+t-1, y=s-t$ を代入した式が答えとなる.)

一次変換 $x=g(s,t)=as+bt, y=h(s,t)=cs+dt$ (ただし $ad-bc\neq 0$)について,ヘシアンの計算をしてみよう.まず,$f_s=af_x+cf_y, f_t=bf_x+df_y$ であることから,

$$f_x=f_y=0 \Longrightarrow f_s=f_t=0$$

である.また上の式を f_x, f_y について解くと

$$f_x=\frac{df_s-cf_t}{ad-bc}, \qquad f_y=\frac{-bf_s+af_t}{ad-bc}$$

であるから,

$$f_x=f_y=0 \Longleftarrow f_s=f_t=0$$

が得られる.このことから,$f(x,y)$ の臨界点と $f(g(s,t),h(s,t))$ の臨界点は(変数変換を通して)一致していることが分かる.

次はヘシアンを計算しよう.

$$f_{ss}=(af_x+cf_y)_s=a(af_{xx}+cf_{xy})+c(af_{yx}+cf_{yy})$$
$$=a^2 f_{xx}+2ac f_{xy}+c^2 f_{yy}$$
$$f_{st}=(af_x+cf_y)_t=a(bf_{xx}+df_{xy})+c(bf_{yx}+df_{yy})$$
$$=ab f_{xx}+(ad+bc)f_{xy}+cd f_{yy}$$
$$f_{tt}=(bf_x+df_y)_s=b(bf_{xx}+df_{xy})+d(bf_{yx}+df_{yy})$$
$$=b^2 f_{xx}+2bd f_{xy}+d^2 f_{yy}$$

このことから,ヘシアン

$$H_f=\begin{pmatrix} f_{ss} & f_{st} \\ f_{st} & f_{tt} \end{pmatrix}$$

を求めることができるが,じつはここで次の式が成り立っている.

$$\begin{pmatrix} f_{ss} & f_{st} \\ f_{st} & f_{tt} \end{pmatrix} = \begin{pmatrix} a & c \\ b & d \end{pmatrix} \begin{pmatrix} f_{xx} & f_{xy} \\ f_{xy} & f_{yy} \end{pmatrix} \begin{pmatrix} a & b \\ c & d \end{pmatrix}$$

(行列の積の定義については線形代数の教科書を参照のこと.)

線形代数の知識があれば，この式に意味づけをすることができるが，ここではこの式の導出までにとどめる．

11.2 極座標の変数変換

例 11.7 極座標変換も典型的な変数変換の例である．この場合には伝統的に $x = g(r,\theta) = r\cos\theta$, $y = h(r,\theta) = r\sin\theta$ と書くならわしになっている．$g_r = \dfrac{\partial}{\partial r} r\cos\theta = \cos\theta$（$g_r$ の計算では θ と定数とみているから，$\cos\theta$ は定数扱いであることに注意しよう．）$g_\theta = \dfrac{\partial}{\partial \theta} r\cos\theta = -r\sin\theta$（今度は r を定数扱いして θ について微分している）と計算される．同じように $h_r = \sin\theta$, $h_\theta = r\cos\theta$ となる．このことから，

$$f_r = g_r \cdot f_x + h_r \cdot f_y = \cos\theta f_x + \sin\theta f_y$$

$$f_\theta = g_\theta \cdot f_x + h_\theta \cdot f_y = -r\sin\theta f_x + r\cos\theta f_y$$

と計算される．

注意 11.8 ここでもうひと踏ん張りして，f_{rr} と $f_{\theta\theta}$ を求めてみよう．（ただし $f_{xy} = f_{yx}$ を仮定する．）細かい計算は省略するが，興味ある人は検算してみよ．

$$\begin{aligned} f_{rr} &= \frac{\partial}{\partial r}(\cos\theta f_x + \sin\theta f_y) \\ &= \cos\theta(g_r \cdot f_{xx} + h_r \cdot f_{yx}) + \sin\theta(g_r \cdot f_{xy} + h_r \cdot f_{yy}) \\ &= \cos^2\theta f_{xx} + 2\cos\theta\sin\theta f_{xy} + \sin^2\theta f_{yy} \end{aligned} \quad (1)$$

$$f_{\theta\theta} = \frac{\partial}{\partial \theta}(-r\sin\theta f_x + r\cos\theta f_y)$$

これはまず積の微分になる．

$$\begin{aligned} \frac{\partial}{\partial \theta}(-r\sin\theta f_x) &= -r\cos\theta f_x - r\sin\theta \frac{\partial}{\partial \theta} f_x \\ &= -r\cos\theta f_x - r\sin\theta(g_\theta \cdot f_{xx} + h_\theta \cdot f_{yx}) \\ &= -r\cos\theta f_x - r\sin\theta((-r\sin\theta) \cdot f_{xx} + r\cos\theta \cdot f_{yx}) \end{aligned} \quad (2)$$

同じような計算より

$$\frac{\partial}{\partial \theta}(r\cos\theta f_y) = -r\sin\theta f_y + r\cos\theta \frac{\partial}{\partial \theta} f_y$$

$$= -r\sin\theta f_y + r\cos\theta(g_\theta \cdot f_{xy} + h_\theta \cdot f_{yy})$$
$$= -r\sin\theta f_y + r\cos\theta((-r\sin\theta)\cdot f_{xy} + r\cos\theta \cdot f_{yy}) \tag{3}$$

よって，

$f_{\theta\theta} = (2) + (3)$
$$= -r\cos\theta f_x - r\sin\theta f_y + r^2(\sin^2\theta f_{xx} - 2\cos\theta\sin\theta f_{xy} + \cos^2\theta f_{yy})$$
$$= -r\cos\theta f_x - r\sin\theta f_y + r^2(f_{xx} + f_{yy})$$
$$\quad - r^2(\cos^2\theta f_{xx} + 2\cos\theta\sin\theta f_{xy} + \sin^2\theta f_{yy})$$
$$= -rf_r + r^2(f_{xx} + f_{yy}) - r^2 f_{rr}$$

以上をすべてまとめて

$$f_{xx} + f_{yy} = f_{rr} + \frac{1}{r}f_r + \frac{1}{r^2}f_{\theta\theta}$$

を得ます．これは微分方程式で応用される公式の 1 つなので，覚えておこう．

11.3　重積分の変数変換

命題 11.9 (重積分の変数変換 (change of variables theorem))

$x = g(s,t), y = h(s,t)$ とするとき，
$$\iint_D f(x,y)\,dxdy = \iint_D f(g(s,t), h(s,t))\left|\frac{\partial(x,y)}{\partial(s,t)}\right|dsdt$$

ただし $\dfrac{\partial(x,y)}{\partial(s,t)} = g_s \cdot h_t - g_t \cdot h_s = \begin{vmatrix} g_s & g_t \\ h_s & h_t \end{vmatrix}$ とし，これを (変数変換の) ヤコビアンという．

例 11.10 領域 D を $0 \le x - y \le 1$, $0 \le x + y \le 1$ であるとする．このときに $\iint_D (x-y)\sin(\pi(x+y))\,dxdy$ を計算してみよう．

領域 D を左右に分割することによって，「グラフに囲まれた領域の累次積分(の 2 つの和)」により計算を実行することは可能である．しかしここでは $s = x - $

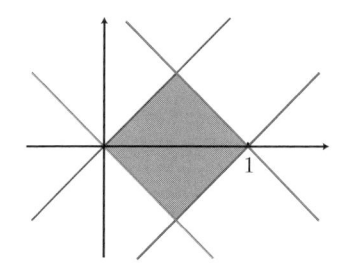

$y, t = x + y$ と変数変換して計算するほうが要領がよいのである．$0 \leq x - y \leq 1$, $0 \leq x + y \leq 1$ より，領域 D は $0 \leq s \leq 1$, $0 \leq t \leq 1$ と表されることが分かる．準備として，ヤコビアンを計算しておこう．$s = x - y$, $t = x + y$ を x, y について解くと $x = \dfrac{s+t}{2}$, $y = \dfrac{-s+t}{2}$ となるので，$x = g(s,t) = \dfrac{s+t}{2}$, $y = h(s,t) = \dfrac{-s+t}{2}$ となり，ヤコビアンは

$$\frac{\partial(x,y)}{\partial(s,t)} = g_s \cdot h_t - g_t \cdot h_s = \frac{1}{2} \cdot \frac{1}{2} - \frac{1}{2} \cdot \left(-\frac{1}{2}\right) = \frac{1}{2}$$

と求まる．これより，

$$\iint_D (x-y)\sin(\pi(x+y))\,dxdy = \iint_D s\sin(\pi t)\frac{1}{2}\,dsdt$$
$$= \int_0^1 \left(\int_0^1 \frac{1}{2}s\sin(\pi t)\,ds\right)dt = \int_0^1 \left[\frac{s^2}{4}\sin(\pi t)\right]_0^1 dt$$
$$= \int_0^1 \frac{1}{4}\sin(\pi t)\,dt = \left[\frac{-1}{4\pi}\cos(\pi t)\right]_0^1$$
$$= \frac{-1}{4\pi}(-1 - 1) = \frac{1}{2\pi}$$

である．

命題 11.11 (極座標への変数変換)

$x = r\cos\theta, y = r\sin\theta$ と変数変換すると，

$$\iint_D f(x,y)\,dxdy = \iint_D f(x,y)r\,drd\theta$$

である．この変数変換を**極座標への変数変換**という．

例 11.12 原点を中心とする半径 1 の円の内側の領域を D とする．すなわち $D = \{(x, y) \mid x^2 + y^2 \leq 1\}$ であるとする．これを $x = r\cos\theta, y = r\sin\theta$ と変数変換すると，$D = \{(r\cos\theta, r\sin\theta) \mid 0 \leq \theta < 2\pi, 0 \leq r \leq 1\}$ である．(意図的に $\theta = 2\pi$ を除外したが，積分をする範囲の領域指定という観点では除外する必要はない.)

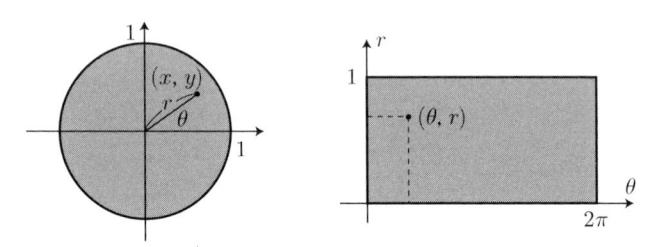

この領域 D についてたとえば $\iint_D \dfrac{1}{x^2 + y^2 + 1} dxdy$ を計算してみよう．上の公式によりヤコビアンはすでに計算済みであるから．

$$\iint_D \frac{1}{x^2 + y^2 + 1} dxdy = \iint_D \frac{1}{(r\cos\theta)^2 + (r\sin\theta)^2 + 1} r \, drd\theta$$
$$= \int_0^{2\pi} \left(\int_0^1 \frac{r}{r^2 + 1} dr \right) d\theta = \int_0^{2\pi} \left[\frac{1}{2} \log|r^2 + 1| \right]_0^1 d\theta$$
$$= \int_0^{2\pi} \frac{1}{2} (\log|1^2 + 1| - \log|0^2 + 1|) d\theta = 2\pi \cdot \frac{1}{2} \log 2$$
$$= \pi \log 2$$

と求まることが分かる．

11.4 正規分布の確率密度関数

この節では，応用的な話題として，正規分布の確率密度関数の広義積分について計算する．

命題 11.13 (正規分布の確率密度関数の積分)

$$\int_{-\infty}^{\infty} \frac{1}{\sqrt{\pi}} e^{-x^2} dx = 1.$$

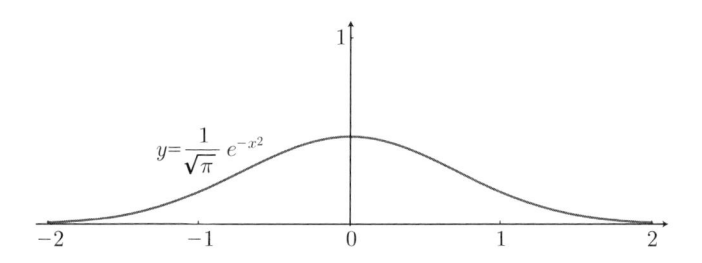

例 11.14 この計算は見た目は重積分ではないが，次のように 3 段構えで計算すると解決できる．

(ステップ 1) $I = \int_{-\infty}^{\infty} \frac{1}{\sqrt{\pi}} e^{-x^2} \, dx$ とすると，I は有限の値であることを示す．

(ステップ 2) $\iint_{\mathbb{R}^2} \frac{1}{\pi} e^{-x^2-y^2} \, dxdy = I^2$ を示す．

(ステップ 3) $\iint_{\mathbb{R}^2} \frac{1}{\pi} e^{-x^2-y^2} \, dxdy$ を極座標変換して計算して値が 1 であることを確かめる．

(ステップ 1 の計算) $y = e^x$ のグラフと $y = x+1$ のグラフを比較することにより $e^x \geq 1+x$ である．(正確には $y = e^x - x - 1$ の関数のグラフの増減表を作ってみると分かることである．参考までに，グラフは次のようになっている．)

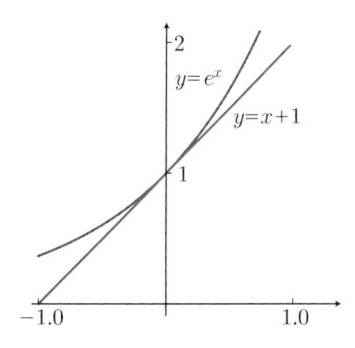

x のところに x^2 を当てはめることにより，$e^{x^2} \geq 1+x^2$ が得られ，$e^{-x^2} = \dfrac{1}{e^{x^2}} \leq \dfrac{1}{1+x^2}$ が導ける．これより

$$I = \int_{-\infty}^{\infty} \frac{1}{\sqrt{\pi}} e^{-x^2} \, dx \leq \int_{-\infty}^{\infty} \frac{1}{\sqrt{\pi}} \frac{dx}{1+x^2} = \frac{1}{\sqrt{\pi}} \cdot \pi$$

となり，有限の値であることが分かる．

（ステップ 2 の計算）$\iint_{\mathbb{R}^2} \frac{1}{\pi} e^{-x^2-y^2}\, dxdy$ を累次積分の形に変形する．あとは一本道である．

$$\iint_{\mathbb{R}^2} \frac{1}{\pi} e^{-x^2-y^2}\, dxdy = \int_{-\infty}^{\infty} \frac{1}{\sqrt{\pi}} e^{-y^2} \left(\int_{-\infty}^{\infty} \frac{1}{\sqrt{\pi}} e^{-x^2}\, dx \right) dy$$
$$= \int_{-\infty}^{\infty} \frac{1}{\sqrt{\pi}} e^{-y^2} \cdot I\, dy = I^2$$

（この計算を成立させるために，I が有限の値であることを前もって示しておかなければいけないのである．）

注意 11.15 こういうときは，正しくは $\displaystyle\lim_{t\to\infty} \int_{-t}^{t}$ のように解釈しなければいけなかった．（この式変形が広義積分として成立するためには，ステップ 3 の計算がまえもって必要である．つまり s, t をどのように無限大に持っていっても収束する保証が必要である．）たとえば次のように考えればよい．

$$\iint_{\mathbb{R}^2} \frac{1}{\pi} e^{-x^2-y^2}\, dxdy = \lim_{t\to\infty} \lim_{s\to\infty} \int_{-t}^{t} \frac{1}{\sqrt{\pi}} e^{-y^2} \left(\int_{-s}^{s} \frac{1}{\sqrt{\pi}} e^{-x^2}\, dx \right) dy$$
$$= \lim_{t\to\infty} \int_{-t}^{t} \frac{1}{\sqrt{\pi}} e^{-y^2} \left(\lim_{s\to\infty} \int_{-s}^{s} \frac{1}{\sqrt{\pi}} e^{-x^2}\, dx \right) dy$$
$$= \lim_{t\to\infty} \int_{-t}^{t} \frac{1}{\sqrt{\pi}} e^{-y^2} \cdot I\, dy = I^2$$

（ステップ 3 の計算）$x = r\cos\theta, y = r\sin\theta$ と変数変換すると，$0 \le r, 0 \le \theta < 2\pi$ で積分すればよいことが分かる．

$$\iint_{\mathbb{R}^2} \frac{1}{\pi} e^{-x^2-y^2}\, dxdy = \int_0^{2\pi} \frac{1}{\pi} \left(\int_0^{\infty} e^{-r^2} r\, dr \right) d\theta$$

ここで，$(e^{-r^2})' = -2re^{-r^2}$ であるから，$\displaystyle\int re^{-r^2}\, dr = \frac{-1}{2} e^{-r^2} + C$ である．これを代入して

$$= \int_0^{2\pi} \frac{1}{\pi} \left(\lim_{s\to\infty} \left[\frac{-1}{2} e^{-r^2} \right]_0^{s} \right) d\theta = \int_0^{2\pi} \frac{1}{\pi} \left(0 - \frac{-1}{2} e^0 \right) d\theta$$
$$= \frac{1}{2\pi} \int_0^{2\pi} d\theta = \frac{1}{2\pi} \cdot 2\pi = 1$$

を得ることができた.

注意 11.16 さて，最初の式は $-x^2 - y^2 = -r^2$ とおくところがポイントである．$\displaystyle\lim_{s\to\infty}\int_0^{2\pi}\left(\int_0^s \cdots dr\right)d\theta$ という計算からきていることに注意すればよい．

つぶやき

この一連の計算は有名であるが，わざわざ重積分に持ち込む理由は何だろうか．最初の形 $\int e^{-x^2}dx$ の形の不定積分は直接は求まらないようだ．しかし，重積分から極座標表示に持ち込むことにより，$dxdy = r\,drd\theta$ という変数変換が生じ，ここに r という項が現れることが分かる．この r により $-2re^{-r^2} = (e^{-r^2})'$ という形に持ち込むのだ．

一般的な正規分布 $N(m,\sigma^2)$ の確率密度関数は $\dfrac{1}{\sqrt{2\pi}\sigma}e^{-\frac{(x-m)^2}{2\sigma^2}}$ である．この式を得るためには，$\dfrac{1}{\sqrt{\pi}}e^{-x^2}$ から $x = \dfrac{t-m}{\sqrt{2}\sigma}$ という変数変換を用いればよい．

◆章末問題 A ◆

演習問題 11.1 以下の計算を検算せよ．
$f_s = af_x + cf_y, f_t = bf_x + df_y$ であることから，$f_x = \dfrac{df_s - cf_t}{ad-bc}, f_y = \dfrac{-bf_s + af_t}{ad-bc}$

演習問題 11.2 以下の計算を検算せよ．
$$f_{ss} = (af_x + cf_y)_s = a(af_{xx} + cf_{xy}) + c(af_{yx} + cf_{yy})$$
$$= a^2 f_{xx} + 2acf_{xy} + c^2 f_{yy}$$

演習問題 11.3 $x = g(s,t) = as + bt, y = h(s,t) = cs + dt$ のとき
$$\begin{pmatrix} f_{ss} & f_{st} \\ f_{st} & f_{tt} \end{pmatrix} = \begin{pmatrix} a & c \\ b & d \end{pmatrix}\begin{pmatrix} f_{xx} & f_{xy} \\ f_{xy} & f_{yy} \end{pmatrix}\begin{pmatrix} a & b \\ c & d \end{pmatrix}$$
を示せ．

演習問題 11.4 $\int_{-\infty}^{\infty} \frac{1}{\sqrt{\pi}} e^{-x^2} \, dx$ から $x = \dfrac{t-m}{\sqrt{2}\sigma}$ という変数変換を用いれば $\int_{-\infty}^{\infty} \frac{1}{\sqrt{2\pi}\sigma} e^{-\frac{(t-m)^2}{2\sigma^2}} \, dt$ を得ることを示せ.

◆章末問題 B ◆

演習問題 11.5 領域 $D = \{(x,y) \mid 0 \leq x, 0 \leq y, x^2 + y^2 \leq 1\}$ について $\iint_D \dfrac{x^3}{x^2 + y^2} \, dxdy$ を計算してみよ. ただし, 変数変換をした後の変数の範囲について, 次の図を参考にせよ.

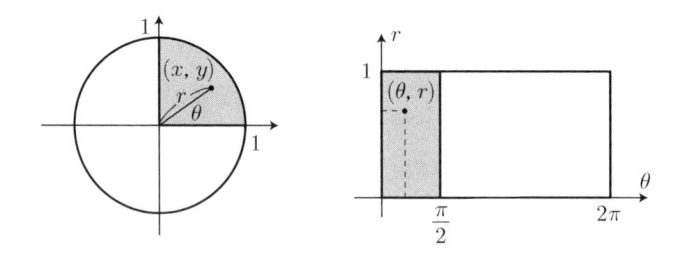

演習問題 11.6 変数変換 $x = g(s,t), y = h(s,t)$ が, $g_s h_t - g_t h_s \neq 0$ を満たすならば, $f(x,y)$ の臨界点と $f(g(s,t), h(s,t))$ の臨界点は変数変換をとおして一致していることを示せ.

演習問題 11.7 次の図のような領域 D について $\iint_D \dfrac{dxdy}{1 - x^2 - y^2}$ を求めよ.

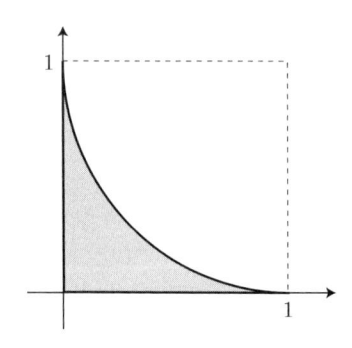

◆章末問題 C ◆

演習問題 11.8 $\int_0^1 \int_0^1 \dfrac{dxdy}{1-x^2y^2}$ を求めよ．

(1) $x = \dfrac{\sin u}{\cos v}, y = \dfrac{\sin v}{\cos u}$ と変数変換すると，(u,v) に関する積分範囲は $\{(u,v) \mid u \geq 0, v \geq 0, u+v \leq \pi/2\}$ であることを示せ．

(2) $\dfrac{1}{1-x^2y^2}dxdy = dudv$ を示せ．

(3) 積分を求めよ．

(4) 累次積分と級数の各項積分により，$1 + \dfrac{1}{2^2} + \dfrac{1}{3^2} + \cdots = \dfrac{\pi^2}{6}$ を示せ．

演習問題 11.9 平面領域 D の重心を

$$\left(\frac{\iint_D x\, dxdy}{\iint_D dxdy}, \frac{\iint_D y\, dxdy}{\iint_D dxdy} \right)$$

で与えるとする．ここで，直交行列 A を準備し（A は回転または線対称であると思ってよい），$\begin{cases} s = ax + by \\ t = cx + dy \end{cases}$ により変数変換したとする．このとき，重心を a, b, c, d などを用いて表せ．

演習問題 11.10 $x = g(s,t) = as + bt, y = h(s,t) = cs + dt$ のとき $f(x,y)$ の最大，最小，鞍点は $f(g(s,t), h(s,t))$ の最大，最小，鞍点と何らかの対応をもつと考えられる．最大，最小，鞍点を得るための十分条件と変数変換の関係について論ぜよ．

演習問題 11.11 a, b, c, d を実数とし，$ad - bc = 1$ を満たすものとする．$z = s + t\sqrt{-1}$ とし，複素関数 $\varphi(z) = \dfrac{az+b}{cz+d}$ の実部を $g(s,t)$，虚部を $h(s,t)$ とする．以下の問いに答えよ．

(1) $g(s,t), h(s,t)$ を求めよ．

(2) ヤコビアン $\dfrac{d(x,y)}{d(s,t)}$ を求めよ．

（3） 上半平面 $\{(x,y)|y>0\}$ に含まれる領域 D について，$\iint_D \dfrac{dxdy}{y^2}$ を変数変換公式により書きかえよ．

■ 数学者年表

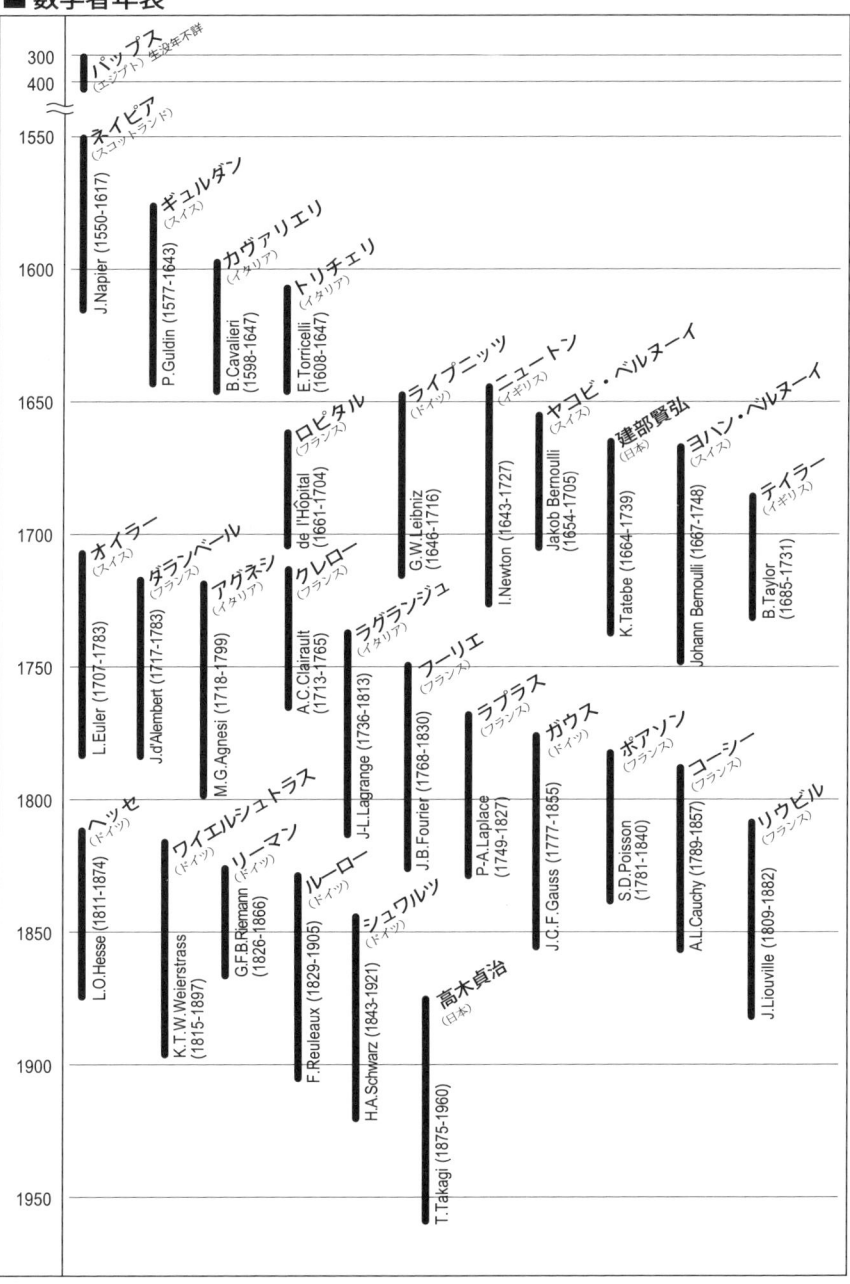

300〜400	パップス（エジプト）生没年不詳
1550	ネイピア（スコットランド） J.Napier (1550-1617)
1577-1643	ギュルダン（スイス） P.Guldin (1577-1643)
1598-1647	カヴァリエリ（イタリア） B.Cavalieri (1598-1647)
1608-1647	トリチェリ（イタリア） E.Torricelli (1608-1647)
1661-1704	ロピタル（フランス） de l'Hôpital (1661-1704)
1646-1716	ライプニッツ（ドイツ） G.W.Leibniz (1646-1716)
1643-1727	ニュートン（イギリス） I.Newton (1643-1727)
1654-1705	ヤコビ・ベルヌーイ（スイス） Jakob Bernoulli (1654-1705)
1664-1739	建部賢弘（日本） K.Tatebe (1664-1739)
1667-1748	ヨハン・ベルヌーイ（スイス） Johann Bernoulli (1667-1748)
1685-1731	テイラー（イギリス） B.Taylor (1685-1731)
1707-1783	オイラー（スイス） L.Euler (1707-1783)
1717-1783	ダランベール（フランス） J.d'Alembert (1717-1783)
1718-1799	アグネシ（イタリア） M.G.Agnesi (1718-1799)
1713-1765	クレロー（フランス） A.C.Clairault (1713-1765)
1736-1813	ラグランジュ（イタリア） J-L.Lagrange (1736-1813)
1768-1830	フーリエ（フランス） J.B.Fourier (1768-1830)
1749-1827	ラプラス（フランス） P-A.Laplace (1749-1827)
1777-1855	ガウス（ドイツ） J.C.F.Gauss (1777-1855)
1781-1840	ポアソン（フランス） S.D.Poisson (1781-1840)
1789-1857	コーシー（フランス） A.L.Cauchy (1789-1857)
1809-1882	リウビル（フランス） J.Liouville (1809-1882)
1811-1874	ヘッセ（ドイツ） L.O.Hesse (1811-1874)
1815-1897	ワイエルシュトラス（ドイツ） K.T.W.Weierstrass (1815-1897)
1826-1866	リーマン（ドイツ） G.F.B.Riemann (1826-1866)
1829-1905	ルーロー（ドイツ） F.Reuleaux (1829-1905)
1843-1921	シュワルツ（ドイツ） H.A.Schwarz (1843-1921)
1875-1960	高木貞治（日本） T.Takagi (1875-1960)

参考図書

- 足立恒雄『無限のパラドックス —— 数学から見た無限論の系譜』(講談社ブルーバックス, 2000)
- 阿原一志『考える線形代数』(数学書房, 2010)
- 桂田祐史・佐藤篤之『力のつく微分積分 —— 1変数の微積分』(共立出版, 2007)
- 桂田祐史・佐藤篤之『力のつく微分積分 II —— 多変数の微積分』(共立出版, 2008)
- 河添 健『微分積分学講義 (I, II)』(数学書房, 2009, 2011)
- 瀬山士郎『「無限と連続」の数学 —— 微分積分学の基礎理論案内』(東京図書, 2005)
- 高木貞治『数学の自由性』(ちくま学芸文庫, 2010)
- P. J. ナーイン(細川尋史訳)『最大値と最小値の数学 (上, 下)』(丸善出版, 2012)
- 森正武・杉原正顕『複素関数論』(岩波書店, 2003)

索 引

英 字

absolute convergence   119
acceleration vector   55
area   88
base   33
base of the natural logarithm   34
Bernoulli number   150
bijection   30
cardioid   98
Cavalieri's principle   94
change of variables theorem   208
class C^∞ 130
class C^1 130, 159
class C^n 130
concave function   48
continuousness   11
converge   1
convex downward   48
convex function   48
convex upward   48
convolution   106
critical point   175
critical value   175
cycloid   55, 104
definite integral   77
derivative   21, 24
determinant   176
differentiable   130
differentiate   24
directional derivative   164
diverge   15, 113
domain (of definition)   30

error term   135
even function   28
exponential function   32
first order approximation   135, 159
geometric distribution   127
Hessian   176
Hessian matrix   176
higher-order partial derivative   169
hyperbolic function   35
improper integral   100
indefinite integral   62
inflection point   48
integration by parts   68
integration by substitution   65
inverse function   30
inverse trigonometric function   37
Lagrange multiplier   181
Lemniscate   104
limit   1
logarithm   33
logarithmic spiral   58
matrix   176
mean-value theorem   50
monotonically decreasing   48
monotonically increasing   48
multiple integral   192
Napier's constant   34
natural logarithm   34
negative definite   177
non-negative series   116
n-th derivation   130
odd function   28

partial derivative   156, 157
partial sum   115
Poisson distribution   126
positive definite   177
primitive function   62
radius of convergence   122
range   30
remaider term   135
residue   72
Reuleaux triangle   61
Riemann sum   83, 192
saddle point   180
Schwarz inequality   104
Schwarz's theorem   170
second order approximation   135, 170
series   115
smooth   130
source   30
squeeze theorem   13, 113, 114
Taylor's theorem   137
threshold   3
total derivative   163
velocity vector   55
witch of Agnesi   59

あ 行

アークコサイン   37
アークサイン   37
アークタンジェント   37
アグネシの魔女   59
鞍点   180
1次近似   135
1次近似公式   159
上に凸   48
n 階導関数   130

オイラーの公式   149
凹関数   48

か 行

カージオイド   98
回転体の体積   92
カヴァリエリの定理   94
過剰和   86
加速度ベクトル   55
関数の収束   6
幾何分布   127
奇関数   28
逆関数   30
逆三角関数   37
逆双曲線関数   39
級数   115
行列   176
行列式   176
極形式曲線の囲む面積   99
極形式曲線の長さ   98
極限   1
極座標の変数変換   207
曲線の長さ   95
偶関数   28
区分求積和   83
グラフに囲まれた領域   188
k 次モーメント   106, 127
原始関数   62
高階偏導関数   169
広義積分   100
誤差項   135

さ 行

サイクロイド   55, 104
C^1 級   130, 159
C^n 級   130

索 引 | 221

C^∞ 関数　130
閾値　3
閾値つきの関数の収束　5
指数関数　32
自然対数　34
自然対数の底　34
下に凸　48
重積分　192
重積分の変数変換　208
収束　1
収束半径　122
重複積分　190
シュワルツの定理　170
シュワルツの不等式　104
剰余項　135, 137
数列の収束　110
正項級数　116
正項級数の収束条件　116
正定値　177
積分の絶対値の不等式　91
積分の単調性　89
絶対収束　119
全単射　30
全微分　163
双曲線関数　35
双曲直線　201
双曲面積　199, 201
速度ベクトル　55

た 行

対数関数　33
対数らせん　58
たたみ込み　106
多変数関数　152
多変数の合成関数の微分　168
単調減少　48

単調性　12
単調性定理　113
単調増加　48
値域　30
置換積分　65
底　33
定義域　30
定積分　77
テイラーの定理　137, 172
ディリクレ積分　105
導関数　24
凸関数　48

な 行

2 次近似　135
2 次近似公式　170
2 変数関数の極限　153
2 変数関数のグラフの接平面　162
2 変数関数の合成関数の微分公式　166
2 変数関数の連続　155
ネイピア数　34

は 行

バーゼル問題　129
ハイパボリック・コサイン　35
ハイパボリック・サイン　35
ハイパボリック・タンジェント　35
はさみうちの定理　13, 113, 114
発散する　15, 113
パップス=ギュルダンの定理　200
被積分関数　62
左極限　16
微分可能　130
微分係数　21
微分する　24
不足和　86

不定積分　62
負定値　177
部分積分　68
部分和　115
平均値の定理　50
平均変化率　22
平面のグラフ　161
べき級数　121
ヘシアン　176
ヘッセ行列　176
ベルヌーイ数　150
変曲点　48
変数変換の微分　203
偏導関数　157
偏微分係数　156
ポアソン分布　126
方向微分　164

ま 行

右極限　16
無限区間　100
無理関数　31
面積　88

ら 行

ラグランジュの未定乗数法　181
リーマン和　83, 192
留数　72
臨界値　175
臨界点　175
累次積分　190
ルーローの三角形　61
レムニスケート　104
連続性　11
ロピタルの定理　43, 46

阿原一志
あはら・かずし

略 歴
1963 年　東京都生まれ
1992 年　東京大学大学院理学研究科博士課程修了
　　　　　明治大学理工学部数学科准教授を経て
現　　在　明治大学総合数理学部先端メディアサイエンス学科教授
　　　　　博士(理学)（東京大学）

主な著訳書
『シンデレラ──幾何学のためのグラフィックス』（訳書，シュプリンガー・ジャパン，2003）
『シンデレラで学ぶ平面幾何』（シュプリンガー・ジャパン，2004）
『ハイプレイン──のりとはさみでつくる双曲平面』（日本評論社，2008）
『確率・統計の基礎』（培風館，2009）
『大学数学の証明問題 発見へのプロセス』（東京図書，2011）
『考える線形代数 増補版』（数学書房，2013）
『微分積分ノート術』（東京図書，2013）
『線形代数ノート術』（東京図書，2013）
『計算で身につくトポロジー』（共立出版，2013）
『パズルゲームで楽しむ写像類群入門』（共著，日本評論社，2013）
『コンピュータ幾何』（数学書房，2014）
『作図で身につく双曲幾何学──GeoGebraで見る非ユークリッドな世界』（共立出版，2016）

かんがえるびぶんせきぶん
考える微分積分

2012 年 9 月 15 日　第 1 版第 1 刷発行
2017 年 2 月 28 日　第 1 版第 3 刷発行
著　者　阿原一志
発行者　横山 伸
発　行　有限会社　数学書房
　　　　〒101-0051　東京都千代田区神田神保町 1-32-2
　　　　TEL　03-5281-1777
　　　　FAX　03-5281-1778
　　　　mathmath@sugakushobo.co.jp
　　　　振替口座　00100-0-372475
印刷
製本　　モリモト印刷
組版　　アベリー
装幀　　岩崎寿文

ⓒKazushi Ahara 2012　Printed in Japan
ISBN 978-4-903342-69-6

数学書房

考える線形代数〈増補版〉
阿原一志 著
「やさしい証明は自分で考えなさい」を目指す。増補版で高校数学新指導要領に対応した。
2,300円／A5判／978-4-903342-73-3

数学書房選書5
コンピュータ幾何
阿原一志 著
幾何学世界と計算機アルゴリズムの間（はざま）を行き来しつつ、
数学の立場からその内容を解明していく。
2,100円／A5判／978-4-903342-25-2

数学書房選書1
力学と微分方程式
山本義隆 著
解析学と微分方程式を力学にそくして語り、同時に、力学を、必要とされる解析学と
微分方程式の説明をまじえて展開した。これから学ぼう、また学び直そうというかたに。
2,300円／A5判／978-4-903342-21-4

数学書房選書2
背理法
桂 利行・栗原将人・堤 誉志雄・深谷賢治 著
背理法ってなに？ 背理法でどんなことができるの？ というかたのために。
その魅力と威力をお届けします。
1,900円／A5判／978-4-903342-22-1

数学書房選書3
実験・発見・数学体験
小池正夫 著
手を動かして整数と式の計算。数学の研究を体験しよう。
データを集めて、観察をして、規則性を探す、という実験数学に挑戦しよう。
2,400円／A5判／978-4-903342-23-8

複素関数入門〈原書第4版新装版〉
R.V.チャーチル＋J.W.ブラウン 共著　中野 實 訳
数学的厳密さを失うことなく解説した。
500題以上の問題と解答をつけ、教科書・演習書・参考書として最適。
2,857円／A5判／978-4-903342-00-9

微分方程式〈増補版〉
原岡喜重 著
多くの具体的な微分方程式を解くことで、内容の理解が進み、計算技術の向上が図れる、
ことをめざした。増補版では、演習問題を大幅に増やし、解答も詳しく記述した。
2,000円／A5判／978-4-903342-83-2

価格税別表示